Fondo buitre

Fondo buitre

PACO GÓMEZ ESCRIBANO

ALREVÉS
BARCELONA-2025

Primera edición: octubre de 2025

Para Josep Forment, siempre con nosotros

Publicado por:
EDITORIAL ALREVÉS, S.L.
C/ de la Perla, 22
08012 Barcelona
info@alreveseditorial.com
www.alreveseditorial.com

Printed in Spain
ISBN: 978-84-10455-33-7
DL B 13139-2025

FSC www.fsc.org MIXTO Papel | Apoyando la silvicultura responsable FSC® C146635

Impresión:
QPprint

Si te digo que la palmó delante de mí, tronco, es porque la palmó delante de mí, con la chuta colgando, los ojos vueltos y la boca llena de espuma, ¿qué coño de metáfora? ¿Eso qué es lo que es? Lo que pasa es que eran otros tiempos, unos tiempos en que los maderos no bebían Red Bull ni iban al gimnasio. Que si le hicieron autopsia —dice—. Vamos, es que me descojono. La autopsia se la hicieron las ratas en el descampao donde lo dejaron. El informe quedó escrito con su sangre en el barrio: ajuste de cuentas. Y aquí paz y después gloria. No te jodes...

– El Perla –

La Nati era como un puto quiste en el cuerpo de Lola, como si estuviera unido a ella por un extraño lazo invisible. Yo miraba a Lola, que me ignoraba como si yo fuera un reptil o un gusano. Y la Nati me miraba a mí. Creo que fue por entonces cuando descubrí que eso de la telepatía era posible porque en mi cerebro resonaban frases como «Si te atreves a acercarte a ella, si te atreves solo a mirarla, te arranco la cabeza, yonqui de mierda». Yo ignoraba si era portador del don. Aun así, me esforzaba en transmitirle lo que pensaba de ella: puta foca albina, zorra asquerosa, a ver si te atropella el metro o un autobús.

– El Botas –

En esta vida siempre te tropezarás con algún hijo de puta en cualquiera de sus variantes: hijoputa, hijo de la gran puta, hijo de su puta madre, hijo de mala madre o hijo de puta vulgar y corriente. Hay tantos que se hace imposible evitarlos y, finalmente, cuando tropiezas con alguno, por mimetismo, empatía o imitación, acabas por convertirte en uno de ellos, temporalmente, el tiempo necesario para reventarlo, apartándolo así de tu camino, no hay otra forma.

– El Tijeras –

La noticia está en la sección de sucesos. Es escueta. No hace falta más. ¿A quién le importa que un atracador haya muerto tiroteado por la Policía? Al parecer, localizaron al Nico por el chivatazo de alguien, seguramente algún compinche. Y el capullo del Nico, en vez de entregarse, recibió a los maderos a tiros, hiriendo gravemente a dos de ellos. El resto ya es historia. El Nico es historia. La Marga es historia. El Chule es historia. Pero historia de la que no sale ni saldrá nunca en los libros de historia.

– Zip –

1

Hacerse viejo es un martirio, una jodida tortura. Y lo que más jode, por lo menos a mí, es que no puedes hacer nada. Te vas viendo cada día en el espejo y es un desastre, a pesar de que cualquier gilipollas te diga cosas como «qué bien te veo» o «para tu edad estás muy bien». Qué bien te veo... ¡Y unos cojones!

Hacerse viejo debería estar prohibido. Deberían llevarnos a algún sitio, a un hospital o a un matadero, y darnos matarile de un chute o algo así, como en aquel libro de Huxley, ¿o era de Orwell? Joder, últimamente se me olvidan los nombres. Seguro que el capullo del Pirri lo sabe, se lo preguntaré después. Aunque sé que no lo haré porque se me olvidará, porque mis neuronas desgastadas no dan para más. Cuando empiezan a olvidársete los nombres de calles, grupos musicales o directores de cine, date por jodido.

Hacerse viejo ya es chungo si has llevado una vida de pureta, pero si eres un tipo como yo, que se ha metido de todo, la vejez es un calvario de la hostia. Te salen patologías de esas que te enteras de que existen por primera vez en la consulta del médico, y más te vale que sea una enfermedad leve porque, si no, te mueres mientras tu nombre y apellidos cogen polvo en una lista de espera. Ah, y que no se te ocurra hacerte dependiente. Ahí ya la cagas hasta que te den lo del grado. Y olvídate de residencias a no ser que tengas pasta.

Mi colega el Roberto no es que haya sido un pureta, pero tampoco ha sido un bandarra de los de mi estilo. Tiene tantos problemas de salud como yo o más. Siempre me dice que yo tengo mejores genes.

Aquella mañana habíamos salido a andar. Nos venía bien para la hipertensión, el colesterol, la diabetes, el corazón y tropecientas cosas más. Teníamos un acuerdo tácito. Evitar las rutas en las que había bares o tiendas de chinos, por motivos obvios. Pero se nos cansaba la cabeza de ir por el parque de San Blas todos los días. Teníamos poca voluntad. Así que habíamos torcido por la avenida de Hellín y ya nos habíamos metido dos copazos de chinchón en un bareto que está nada más cruzar la calle Hinojal. Doblamos por Alberique y a la altura de la comisaría nos quedamos como alelados mirando un edificio que tenía muchos recuerdos para nosotros. Era el edificio del mercado de San Blas. La fachada había sido derruida y el edificio era un esqueleto por el que transitaban obreros de todas las especialidades. Algunos de ellos estaban de lunes a jueves alojados en mi hostal y me habían comentado lo que estaba pasando. Pero una cosa era que te lo contaran y otra verlo.

El edificio no solo había albergado el mercado, que era el único que había por los alrededores décadas atrás. Las mujeres de San Blas y Canillejas habían comprado ahí toda la vida, en un tiempo en que todavía no existían los carritos con ruedas y los autobuses urbanos todavía no llegaban al barrio. Algunas se desplazaban andando y volvían cargadas como mulas varios kilómetros de distancia hasta llegar a sus casas. El mercado estaba en la planta de abajo. Y arriba había un almacén en donde vendían ropa de saldo, cortinas, manteles y todas esas vainas. También estaba el cine Argentina, al que íbamos cuando éramos chavales. Sesión continua y programa doble: una de Esteso y Pajares con tías en bolas y otra de Bruce Lee. Por la noche, pajote reglamentario pensando en cualquiera de las actrices, y por la mañana, a serrar el palo de la escoba de nuestras madres para hacernos unos *nunchakus*. Ah, y la sala Argentina, más abajo, donde bailábamos tocando guitarras imaginarias al ritmo de Black Sabbath o Iron Maiden.

Nos quedamos allí unos segundos, con cara de gilipollas. Es verdad que la vida cambia, que todo evoluciona, que vas al bar no sé qué, que ponían unos pinchos morunos de la hostia de ricos, y ahora han puesto un chino o un kebab. Vale. Pero ver aquello era simbólico. Nuestro mundo se venía abajo. Los chavales ya no escuchaban a Pink Floyd, ni siquiera a los Stones. Escuchaban a peña como Bad Bunny o Don Omar, que había que joderse, se volvían locos. En mis tiempos los habrían apedreado. Ahora los llevaban por los estadios de todo el mundo. Está claro que soy un dinosaurio y que debería palmarla, qué coño. Pero la vida es tan bromista que lo mismo me quedan varias décadas, ¿quién podía saberlo?

Ver ese esqueleto de edificio, como si hubiera sido bombardeado, se convirtió en mi cerebro de borracho en una jodida alegoría y para mí que fue un aviso, una premonición de lo que estaba por venir, un jodido jari en el que nos meteríamos hasta las trancas. Le hice una foto con el teléfono móvil a lo que quedaba de edificio. Después, el Roberto y yo nos miramos y, sin decir nada, seguimos caminando por Alberique. Tendríamos que haber seguido recto, pero torcimos por Amposta. Y en esa jodida calle hay bares, muchos bares. Los conocíamos todos y decidimos saludar a los camareros de todos ellos. Cuando llegamos a la parada del 48, llevábamos un moco considerable que nos imposibilitaba volver andando, dando tumbos.

Comimos en La Despensa, un bareto de toda la vida del barrio que ponían menús apañados. Un sitio en el que también podías comer a la carta en tu mesa reservada. Si ibas a menús, no te dejaban reservar, y si no pillabas mesa, pues te jodías. Como era martes había cocido, así que nos pedimos los garbanzos y un par de riberas. También dos revueltos de ajetes con gambas y bacalao, pero eso para llevar, para la cena, porque no había cojones de comerse todo de una sentada. Y así teníamos la cena asegurada. Eso si nos acordábamos por la noche. Y otras veces nos dejábamos la bolsa en la barra de cualquier bar en donde fuéramos a tomar una copa.

Me llamo Cipriano Rodríguez, tengo más años de los que me gustaría y soy, he sido y siempre seré un capullo. Mi nombre es demasiado antiguo, demasiado prehistórico, así que siempre me han llamado Zip. Un nombre de mierda y un apelativo abreviado de mi nombre que suena a archivo comprimido. Cuando salió aquello de los «archivos zip» me puse tan contento porque pensé que algo importante llevaba mi apodo. Estaba borracho. Obviamente, ni Bill Gates ni Mark Zuckerberg ni ninguno de todos esos capullos cabrones saben de mi existencia. Estudié Periodismo. Aprobé el BUP, el COU y la facultad estando todo el día puesto de algo, el puto flipe. Mis colegas del barrio la fueron palmando casi todos por el caballo, que yo no llegué a probar porque sabía que me iba a gustar, que soy muy vicioso, y por aquel tiempo ya había visto suficientes zombis por las calles. Yo me conformaba con el alcohol, los porros, la farla... Con aquello controlaba, y es verdad que se controla. Un tiempo. Desde luego, no toda la vida de mierda que nos tocó vivir a los de mi generación.

Hasta llegué a engañarme pensando que yo era distinto a mis colegas, a mis vecinos, y que era inteligente y que con la carrera prosperaría: un montón de basura. Mi suerte fue que tras la desgracia de la muerte de mis padres en un accidente de tráfico me criaron mis tíos que, al morir, como no tenían hijos, me legaron el hostal, que es de lo que vivo. Fue gracias a mi mentor, un profe de la facultad (muerto de infarto fulminante), que, tras recomendarme en las redacciones de bastantes periódicos de los que me echaron por farlopero y borracho, me aconsejó poner en marcha el hostal; y lo hice gracias a la Pili, que es una chica del barrio, un ángel. Es ella la que lleva todo, las cuentas, el mantenimiento, la limpieza, en fin... Yo no podría llevar ni un quiosco de chucherías.

En La Despensa paraba toda la gentuza del barrio y los alrededores. Básicamente eran tipos autónomos que tenían cuadrillas de albañiles rumanos o panchis. La cosa les daba para un Mercedes de segunda mano al que sacaban brillo todos los días. La mayoría no curraban, vivían de sus esclavos, a los que amenazaban con denunciar por no tener papeles a la mínima. Algunos venían al bar en el coche, a pesar de que vivían dos calles más abajo. Aparcaban en doble fila, para que el buga se viera bien. Y cuando el bareto se iba llenando, si uno pedía unas gambas, el otro pedía unas cigalas para quedar por encima. Las conversaciones eran el puto flipe. Cuando el Roberto y yo estábamos en los postres, uno dijo que había leído (mentira, ese no lee ni el *As*) que los paneles solares eran mucho más peligrosos que las centrales nucleares. Ese era el nivel. Pero la comida era cojonuda. Más cara que en el bar Soria, el de los padres de la Pili, pero era otra calidad.

Terminamos en donde el Julito, un bareto de lo más mísero. Tenía una barra y algunos taburetes cuyo tapizado había perdido el brillo por el roce con culos inquietos. También algunas mesas de madera con quemaduras de cigarrillo y con chicles secos pegados por debajo a los que si les hiciéramos la prueba del carbono catorce seguramente nos llevaríamos más de una sorpresa. Por lo demás, era como si hubieran tirado una granada de mano y el Julito se hubiera limitado a barrer y a pasar el plumero. El Julito era tan simpático como un grupo electrógeno. El nota acojonaba. Era un pavo de uno noventa, con la cabeza pelada y llena de cicatrices, con la columna vertebral encorvada y algo patizambo, dos aros en la oreja izquierda y un bigote a lo Bill *The Butcher* en aquella peli de *Gangs of New York*. Todo un personaje salido de *El Víbora*, aquel cómic ochentero. Nunca había jugado al béisbol, pero su bate, que escondía debajo de la barra como arma, era legendario. El nota daría miedo si te lo encontraras en un callejón oscuro, pero también si te cruzaras con él en un parque a plena luz del día con traje y corbata, porque ya se sabe: aunque un mangui se ponga traje y corbata parece un macarra, eso es un hecho.

Pedimos dos copas de Dyc. Alcé el mentón para saludar al Pirri, que me devolvió el saludo desde su mesa. Hacía un crucigrama, a esas horas la mente no estaba para leer la novela que tenía sobre la mesa. No alcancé a ver el título. La puta vejez. Y los excesos, claro. También saludé al Tijeras, un tipo muy leído también. Miraba las noticias en la televisión. Todo eran guerras o elecciones en las que los tipos de ultraderecha estaban al alza. Deberíamos extinguirnos como raza. Levantó el mentón y siguió a lo suyo.

—Las veces que me contó el Chule que iba a bailar al Argentina —dijo el Roberto cuando pedimos la segunda copa.

—Sí... Todos íbamos al Argentina.

—Yo no.

—Pero porque eras pureta.

—Era pureta, sí...

El Chule fue un tipo del barrio que estaba tan enganchado al caballo desde la adolescencia que empezó atracando estancos, farmacias y gasolineras para terminar atracando bancos. Tenía que quitarse su mono y el de la Marga, su piba de toda la vida. Le dejaron salir de la cárcel después de muchos años de condena para morir de una enfermedad terminal. Su hijo, el Nico, dio su último palo en un banco del barrio. Fue un palo con rehenes. Yo fui rehén y fui el que negoció con la Policía porque el Nico y sus colegas estaban con el mono. El Nico escapó. Un tiempo después murió a manos de los maderos. Y la Marga se suicidó después de una vida de yonqui desde la azotea de mi hostal. Roberto Sendín fue el abogado del Chule. También perdió a una hija por la heroína. No lo superó y la mujer le dejó. Duerme en el parque de San Blas, menos en invierno, que se trae el colchón a un cuartucho del hostal. Rechaza la habitación que le ofrezco. Se quedó pa'llá, pero terminamos por hacernos colegas. Cosas de la vida. Y cosas del imán que siempre he tenido yo para los flipaos. Pero claro, algunos dirán que para flipao yo. Y no seré yo el que les quite la razón.

Al tercer copazo, más o menos por la mitad de la copa, el Roberto se desparramó. No me dio tiempo a agarrarlo y se metió un guarrazo contra el suelo. Se hizo una brecha.

—¡Me cago en la hostia puta! —dijo el Julito, que saltó la barra, pero no con el bate de béisbol como otras veces, sino con algodón, agua oxigenada y Betadine. No entiendo de dónde pilló todo eso tan rápido. ¿Lo tenía en las manos? Se agachó para intentar curarlo mientras el Pirri le sujetaba la cabeza—. ¡Estoy hasta los huevos de putos borrachos, joder!

El Tijeras y el Zosi se sumaron al equipo médico y yo llamé al 112. Me empezaron a hacer preguntas. Que si el paciente había convulsionado, que si respiraba, que si la abuela fuma...

—¡Oiga! —le grité—. ¿Y si se pasan por aquí y lo ven ustedes?

Colgué.

—A ver si le ha dao un infarto —dijo el Tijeras.

—No creo —dije—. Ya le ha pasao otras veces, tronco. Son bajadas de tensión, o eso dice él. De la priva.

—¿Habéis privao mucho? —preguntó el Pirri.

—Nos hemos ido a andar y nos hemos recorrido todos los baretos de Amposta. Pero nos hemos metido un cocido en La Despensa. No tiene el estómago vacío —contesté sin tener ni puta idea de si tener el estómago vacío o lleno importaba un carajo. Era lo que solía decirse.

El Julito aplicó el agua oxigenada y limpió la herida con algodón. Mientras le limpiaba la piel de sangre, se podía ver que se había hecho un buen boquete. Iba a necesitar puntos. El resto de los clientes, cuatro mataos, permanecieron acodados a la barra, temerosos de perder sus copas si se movían de su sitio. En ese momento, llegó la Carmen, una adivina que echaba las cartas o leía la buenaventura, que para el caso... Era una piba mayor entrada en carnes, pero bastante proporcionada, con unas tetas y un culo despampanantes, una sonrisa que daba algo de luz al local, tan lóbrego como un páramo inglés en una noche sin luna, y un pesimismo disfrazado de certidumbre difícil de entender, como no fuera desde el punto de vista comercial de su negocio. Siempre llevaba en la cabeza pañuelos de colores enrollados como si fueran turbantes y escotes escalofriantes. Allí iban desde señoras deseosas de tener un futuro tranquilo a chavalas jóvenes que querían escuchar que la vida les iba a ir de puta madre. Tíos también iban, pero menos, sobre todo viejos que se quedaban hipnotizados por los dos bultos de sus tetas. Ella lo sabía y sacaba su partido con la pasta que les cobraba, que tampoco era mucha y que seguramente repartía con el Julito, eso era de cajón.

—Pero ¿qué ha pasado? Por Dios... —preguntó.

—Na, a este, que le ha dao un amarillo —dijo el Pirri.

—¡Válgame el señor!

—Ya viene la ambulancia —comenté.

El Zosi casi se desmaya al ver cómo brotaba la sangre de la brecha cuando el Julito apretaba con el algodón, así que se retiró a la barra y empezó a hacer girar su copa de whisky barato. Se llamaba Zósimo Trósimo Soprano. Y me quejo yo de mi nombre. En el colegio lo machacaron. Temblaba cuando el profe de turno pasaba lista y pronunciaba su nombre y apellidos ante las carcajadas del resto de los niños. Éramos muy crueles. Pero la crueldad era una defensa sin la que no habríamos durado ni dos asaltos en el barrio. El Zosi tiene muy pocas luces. No terminó la educación primaria. Su padre tenía locales, garajes y pisos y era también el dueño del edificio del bar del Julito. Sus pocas luces y su afición al juego, así como la costumbre que tenían todos los cabrones de tangarle, hicieron que actualmente solo le quedara el edificio. El tipo era un desastre. Aún recuerdo un día que vino tan contento. Había visto unos episodios de la serie *Los Soprano* y nos dijo que a partir de ahora le llamáramos Tony, como el patriarca mafioso. Nos descojonamos vivos. Seguimos siendo crueles.

Justo en ese momento se empezaba a escuchar la sirena de la ambulancia. Al cabo de unos minutos lo reanimaron, le curaron la herida y le pusieron unos puntos provisionales, pero nos dijeron que lo tenían que llevar al hospital para hacerle pruebas. A falta de familiar, fui yo,

Zip, abogado de causas pobres y amigo de colgaos y exyonquis, quien se fue con él. Los revueltos de ajetes con gambas y bacalao se quedaron sobre la barra. El Julito sabía que no nos importaba que lo que nos dejáramos allí lo pusiera de aperitivo. Claro que también me di cuenta de que tampoco le habíamos pagado los copazos.

2

Borja María Aguado se levantó a las seis de la mañana. Lo hacía así cada día. Desayunaba en batín. Un par de criadas le traían todo a la mesa. Solía tomar café y zumo de naranja natural, tostada de pan integral con aguacate, salmón y aceite de oliva virgen extra y variaciones que iban desde el lomo ibérico al jamón ibérico, todo de bellota, con huevo cocido y pieza de fruta. Mientras desayunaba, leía en la *tablet* un par de periódicos a los que estaba suscrito. Después, se lavaba los dientes, se vestía y ya con el traje y sus zapatos italianos daba un beso protocolario a su mujer, que no solía despertarse hasta las nueve o las diez.

Acudía a trabajar a su empresa en su propio coche, un Lexus LS híbrido autorecargable negro con todos los extras, escuchando música clásica o cantos gregorianos. Aparcaba el coche en el parking de la empresa y después subía hasta su despacho, un espacio luminoso debido a que el tabique exterior era de cristal, amplio y amueblado al estilo antiguo, maderas nobles que conjugaban bien con otros elementos más modernos, pero no muy alejados de ese estilo en el aspecto estético.

Borja María Aguado era un tipo importante, miembro de una de las familias más poderosas cuyos miembros eran banqueros, empresarios, políticos y descendientes de nobles, un hombre que tomaba varias decisiones importantes al día y cuyas ejecuciones podían llevar apareadas varios millones de euros. Todos reconocían al hombre relevante, al tipo de persona de la que no se puede prescindir. Tenía una imagen convincente, alto, rubio, de mediana edad, delgado y atlético, con músculos esculpidos en aparatos de gimnasio, y no era raro verlo aparecer en televisión, prensa o radio, un hombre serio con madera de dirigente, de líder. Era uno de esos tipos que mandan más que los que mandan, toda una autoridad que sabe bien lo que dice y sabe cuándo tiene que callar, amable, pero hermético. Sabía bien cuándo dar palmaditas en la espalda o cómo y a quién apuñalar por la misma. Dirigía Feldix, un fondo de inversión de los más importantes de España, con mano de hierro, sin concesiones, con la ayuda de Ramiro Vadillo, el gerente, compañero suyo desde el colegio y hasta la universidad. Precisamente, esa mañana había quedado con él en el despacho para tomar algunas decisiones estratégicas y establecer las directrices en algunos proyectos ya iniciados.

El gerente entró sin llamar. Ramiro era el tipo de la sonrisa permanente. No era una sonrisa exagerada, era más bien un gesto que pintaba sobre la cara una línea recta entre los labios con las mejillas un tanto elevadas, como si le resultara agradable ver al tipo que tenía enfrente, fuera este un alcalde o un pordiosero.

—Buenos días —dijo como si fuera un agregado cultural de alguna embajada—. ¿Todo bien?

—Buenos días. Evita los formulismos, Ramiro, que soy yo. ¿Cuánto tiempo hace que estamos juntos?

—Puedo mirarlo si te hace falta el dato exacto, pero yo diría... ¿cincuenta años?

—Anda, siéntate, que no tenemos toda la mañana. ¿Quieres un café?

—Llevo ya tres hoy, así que puedo pasar sin un cuarto.

—Bien. Lo que más nos interesa ahora es una campaña de lavado de cara. Lo que te dije ayer va en serio. No nos beneficia en nada eso de que nos llamen fondo buitre, ese término tan desagradable que se han inventado los comunistas. Somos una empresa que compra inmuebles y los rehabilitamos. Es decir, y hablando en plata, transformamos cuevas que parecen cochiqueras en pisos modernos con calidades altas, con domótica, eficiencia energética, infraestructuras comunes de telecomunicación y seguridad, sobre todo seguridad. La gente normal no quiere que unos okupas muertos de hambre entren en sus casas. Tenemos periodistas en nómina.

—Y tenemos medios de comunicación con alta participación en acciones.

—Lo sé. Pero tenemos que hacer campaña también en medios de izquierda, que no parezca que esta campaña es un bulo de los medios de derecha. Quiero que la gente crea que somos benefactores, que llevamos la prosperidad a los barrios.

—Tomo nota. Pero ya sabes, dicen que echamos a los vecinos de siempre y que cierran los comercios tradicionales de proximidad y que los sustituyen por franquicias, que es lo que los nuevos vecinos jóvenes demandan.

—Eso es el signo de los tiempos, Ramiro. Los jóvenes prefieren una hamburguesa o un kebab a unas lentejas o un pulpo a la gallega, yo qué quieres que te diga. Prefieren que haya una tienda de móviles a una mercería cuyos productos no saben ni lo que son. Hay que convencer a la gente de que proveemos a los jóvenes de aquellos productos que demandan, facilitando su integración social y laboral. Y, sobre todo, hay que convencer a la sociedad de que esos vecinos nuevos, jóvenes, son gente decente que trabajan en empresas informáticas, en la universidad o empresas nuevas que proporcionan trabajo a un montón de gente. Eso es lo que quiero que piensen. Y que, además, con este tipo de vecinos y la transformación del barrio, habrá más seguridad. Porque, digo yo, no será tan difícil hacerles creer que es mejor para ellos convivir con esta gente que con inmigrantes ilegales o con parados borrachos.

—Pues no es tan fácil porque las asociaciones de vecinos, los sindicatos y los partidos estos nuevos de ideología comunista hablan de gentrificación, de invasión de los barrios tradicionales por gente que no son del barrio y de la cancelación de sus derechos en el momento en que desaparecen las tiendas de toda la vida. No quieren un Corte Inglés en el barrio, lo que quieren son centros de atención primaria, centros de ayuda a la dependencia y hospitales.

—Claro, claro, pero los Reyes Magos no existen, son los padres. Escucha, lo importante no es la realidad. A estas alturas ya deberías saberlo. Quiero que te trabajes a los medios de comunicación y que se te meta en la cabeza que lo que realmente importa es el relato. ¿Y quién es capaz de escribir un buen relato? Pues un escritor o un guionista. Contrata a varios si crees que nos pueden ayudar. Y a publicistas. Esos tipos saben mucho de meter una idea en la cabeza a la gente. Y otra cosa.

—Tú dirás.

—Hay mucho dinero en juego. Las estrategias empresariales, si no funcionan, tienen que evolucionar, reinventarse. Lo digo porque hasta ahora hemos ido amenazando a los vecinos. Y eso no funciona bien, todo son problemas. A los vecinos hay que convencerlos con buenas palabras. Y con dinero. Estoy pensando que los inquilinos de los inmuebles que hemos comprado hasta ahora no han visto tres mil euros juntos en sus miserables vidas. Si los convencemos de que se vayan, hablando de forma sensata, y de que nosotros les ayudamos a encontrar otra vivienda, incluso dándoles una ayuda económica, estoy seguro de que la mayoría cogerán el dinero y se irán. Ese dinero, para nosotros, no es nada. Sin embargo, para ellos...

—Sí, posiblemente lleves razón. Voy a poner todo en marcha y a ver qué pasa.

—¿Cómo van las gestiones para comprar los tres últimos inmuebles?

—Están en diversas fases. Lo de Lavapiés está casi hecho, solo falta firmar, y lo de Tetuán todavía va un poco lento porque el propietario quiere más dinero.

—Resuélvelo. Y el otro al que le echamos el ojo en ese barrio..., ¿cómo se llama?

—Canillejas, ese barrio del este al lado del aeropuerto y el IFEMA.

—Eso, Canillejas.

—Estamos negociando, pero lo de este edificio está hecho. El dueño es un desgraciado que tiene deudas de juego. Con nosotros.

—¿De alguno de nuestros casinos?

—No, a ese tipo lo echarían a patadas de cualquiera de nuestros locales. Pero también organizamos timbas ilegales.

—¿Todavía sigues con esas reuniones? Eres un romántico. Espero que al menos tengas cuidado con la Policía.

—Hay policías que van a jugar a esas timbas.

—Bueno, bueno, no quiero saber nada.

Las timbas eran una de las fuentes de ingresos más significativas de Ramiro Vadillo, aunque no las únicas.

—Aceléralo. Me sorprende que todavía sigan allí los vecinos de siempre. Es cierto que antiguamente el barrio era una cloaca, pero ahora, con el campo del Atleti, la playa artificial que tienen programada construir y, como tú bien dices, el IFEMA y el aeropuerto, es un barrio con muchas posibilidades. Lo dicho, acelera las gestiones.

—Bien. ¿Alguna cosa más?
—De momento, no. Mantenme informado, eso sí.
—Siempre lo hago.
—Lo sé, lo sé.

3

Lo del Roberto no fue nada. Le había dado un jamacuco. Posiblemente había sido una bajada de tensión o de glucosa. Los médicos tampoco nos dieron demasiadas explicaciones. La verdad era que daba igual. Lo importante era descartar un coágulo interno en la cabeza que más tarde le pudiera taponar una vena y provocarle una embolia y no sé cuántas cosas más. Le hicieron un TAC. Una señora me dijo que habíamos tenido suerte, ya que lo normal era tirarte allí todo el día. Nada más salir de Urgencias, tres horas después, lo primero que me dijo el Roberto es que fuéramos a tomar algo. Yo empatizaba muy rápido con este tipo de proposiciones. Lo más cerca que teníamos del Ramón y Cajal era un chino y... ¡bingo! Tenían 1906. Pensé rápido, porque la idea era coger un taxi, pero seguro que el puto peseto no nos dejaba privar en el teki. Así que se lo comenté al Roberto y le propuse dar un rulo hasta el metro de Begoña para pillar el tubo. Ahora fue él el que empatizó conmigo. Su sonrisa era prueba de ello. Pillamos cuatro birras, dos para pimplárnoslas hasta el metro y otras dos para el camino hasta el barrio. El jodido chino cobró un euro noventa por lata. En el barrio se conseguían por un pavo. Pero era lo que tenía el ansia del alcohólico: era eso o nada.

Al cabo de una hora estábamos en lo del Julito. La primera en venir a preguntar fue la Carmen, que se estaba pintando las uñas en su chiringuito esotérico. Que si qué tal estás, que si qué te han dicho, bla, bla, bla... Luego fueron los sobrinos del Araña, que en paz descanse, los que agobiaron al Roberto con sus bros, hermanos y toda esa parafernalia que han aprendido viendo a *youtubers* mexicanos que lo mismo te enseñan a instalar un programa de ordenador que a tocar con la guitarra una canción de George Harrison. Ellos no estaban en el bar en el momento de la caída, pero a esas alturas todo el barrio debía de saber que el amigo borracho del borracho del Zip se metió un guarrazo en el bar del Julito, ese antro de perdición que los maderos deberían clausurar de una vez.

El Roberto flipó. No estaba acostumbrado a que se preocuparan tanto por él. Hasta el matao del Zosi se interesó. Por eso, cuando el Pirri, primero, y después el Tijeras, vinieron a interesarse, él ya no contestó. Se limitó a asentir y a elevar y bajar los hombros, nervioso. El Julito es menos expresivo. Nos puso unas birras a todos y levantó el mentón a la vez que enarcó las cejas. El Roberto volvió a asentir y el dueño del antro se retiró y se refugió detrás de la barra. Fin del juego de preguntas y respuestas.

El Tijeras también nos dejó a nuestra bola. Se acercó a la barra, pidió una copa y se acodó a ella mirando hacia el televisor. Las noticias eran un catálogo de desgracias. Tipos como Trump, Musk, Putin, Netanyahu o Milei amenazaban al mundo con guerras y hasta con plagas bíblicas. También habían desarticulado varios narcopisos. El Pirri y el Tijeras entendían mucho de eso. Por último, antes de la media hora de deportes, estaban cubriendo una manifestación en Lavapiés. Por lo visto, había un fondo buitre que había comprado un edificio para hacer apartamentos de alto *standing*. El problema eran los vecinos. Algunos vivían ahí desde hacía cuarenta años o más. Al parecer, los cabrones habían comprado la finca con los vecinos dentro y ahora querían echarlos. Se habían enterado por la prensa y habían empezado las movilizaciones antes de que comenzaran las presiones. El fondo buitre, por lo visto, iba a comprar otros dos edificios. Uno en Tetuán y otro en Canillejas. Había que joderse, solo salíamos en la tele cuando había desgracias.

Saqué el móvil y, sin saber muy bien por qué, miré la fotografía del esqueleto del edificio del mercado de San Blas. A lo mejor, otro fondo buitre lo había comprado para hacer, no sé, un súper chino o un aparcamiento o quizás un Starbucks o un Lidl. De lo que estaba seguro era de que no iban a hacer un colegio público, si acaso uno privado al que luego otorgarían el concierto por la puta cara. Un clásico ya en Madrid que, paradójicamente, seguía votando a quienes perpetraban estas prácticas o la de abrir hospitales privados con dinero público. Debía molarles que les robasen la pasta, pues, si no, esto no lo explicaba ni un filósofo griego. Porque a ver cómo se entendía que muchos de los desgraciados del barrio que cobraban pagas del Gobierno votaran a quienes querían quitarlas.

Ahora sí, el Pirri leía una novela. Ahora sí, podía ver el título. Era *Golpe de gracia* y el escritor se llamaba..., ah, sí, Dennis Lehane. No me sonó el libro, debía de ser nuevo. Era bueno el nota. Me leí la trilogía Coughlin y flipé. Aquí éramos unos desgraciaos, pero leídos éramos un rato. Normal, cuando éramos críos no había internet ni redes sociales, así que leíamos. Lo que había era heroína y tripis, pero esa es otra historia.

El Roberto estaba dando cabezadas. Le pregunté si tenía hambre y me contestó que no mucha, pero que algo de cenar no estaría mal. Antes de que me dijera que no tenía ni un pavo le dije que le invitaba a algo en el bar Soria. Pagué al Julito y nos fuimos después de despedirnos de la peña. Por el camino intenté recordar si habíamos pillado algo en La Despensa para cenar, pero estaba pedo. Al final, haciendo un esfuerzo, logré recordar. Qué cabrón el Julito, anda que nos había dicho algo de los revueltos con ajetes.

—Qué chungo lo del mercado de San Blas —le dije al Roberto al terminar de cenar, con la copa en una mano y el móvil en la otra, mientras miraba la foto del edificio. Durante la cena habíamos hablado de trivialidades.

—Todo se acaba. Nada permanece.

—Joder, tronco, pareces el oráculo de Delfos.

—El oráculo de Delfos solía ser una sacerdotisa buenorra. Yo soy un tipejo alcohólico, un sintecho, eso sí, con una cierta cultura.

—Eres un sintecho porque quieres.

—Ya hemos hablado de eso.

El Roberto ahora estaba en el hostal, en su cuartucho, con su colchón y sus peluches, que había que joderse. Y en marzo o abril, dependiendo del clima, se iría a dormir al parque de San Blas, pese a mi permanente invitación de quedarse en el hostal, donde me sobra sitio. El roce cuando lo del Chule hizo que nos hiciéramos colegas. Lo que me molaba de estar con él era que podíamos hablar como periodista y abogado, es decir, como unos jodidos estirados que han estudiado dos carreras de letras, o como dos notas del barrio que, en definitiva, era de donde habíamos salido los dos para nuestra suerte o para nuestra desgracia, aunque cada vez tenía más claro que era lo segundo.

—¿Tú sabes lo que pasa? —dijo mirando el fondo de su copa, como si buscara una pastilla que se le hubiera caído.

—Cuéntamelo.

—Que somos unas jodidas antiguallas.

—...

—Sí, tú y yo. Últimamente siempre andamos con lo mismo, engañándonos.

—¿En qué sentido?

—Pues que despreciamos los tiempos que vivimos y nos pasamos todo el rato diciendo que los tiempos pasados eran mejores. Y no es verdad.

—Para mí sí.

—Y una mierda. Yo te he visto hecho un mojón, tío, cuando yo estaba bien y era un respetado abogado y tú estabas hecho una jodida ruina por la farlopa y la priva.

—Bueno, sí...

—Lo que pasa es que eras joven. Y no tenías la enfermedad que tú y yo tenemos ahora.

—¿Cuál?

—La nostalgia, tío, la nostalgia.

—Joooder, tronco. Lo que yo digo, eres el jodido oráculo.

—No. Lo que pasa es que las dos neuronas que me quedan a veces no se pelean. No, tío, en serio. Somos lo que somos en cada momento. Y lo cierto es que ahora somos dos jodidos alcohólicos tarras. No muy tarras, no somos ancianos, pero llegará si llega, que no creo. Vale que no nos hemos puesto de caballo como el Tijeras o el Pirri, pero para el caso es lo mismo.

La charla continuó mientras nos pimplábamos otra botella. No sé cómo media hora más tarde pude meter la llave en la cerradura de la puerta del hostal, pero lo hice.

A la mañana siguiente, después de soltar las tripas, desayuné en la terraza de mi habitación una cerveza y un cigarro. Según los datos, habíamos tenido el febrero más caluroso desde que había mediciones. A este paso, el Roberto se iba a ir al parque de San Blas en cualquier momento. El termómetro de mercurio de la pared incrustado en una talla de madera «Recuerdo de Cuenca» marcaba quince grados. Del dibujo de las Casas Colgadas no quedaba nada. Un día de principios de marzo a las diez de la mañana el termómetro no debía marcar esa temperatura. Pero era lo que había. Y los cabrones que nos gobernaban, en vez de poner remedio, estaban masacrando Ucrania, Gaza, Libia, Siria o Yemen, por citar solo unos cuantos conflictos. Solo quedaba rezar para que no tocara una guerra en España como en su día tocó en Yugoslavia, o una guerra mundial, como ya anunciaban los más agoreros, o los más realistas, quién podía saberlo. El problema era mi ateísmo.

Por lo demás, el día era como cualquier día. La empresa privada del Ayuntamiento regaba las calles, el camión del gas butano hacía sonar las bombonas que ya no compraba casi nadie porque tenían gas natural, el bus 48 parloteaba en plan HAL 9000 «abriendo puertas»-«cerrando puertas», la furgoneta del pescado repartiendo y... el figura del Pirri vigilando, sin duda uno de los mejores descuideros del barrio. El nota estaba en la esquina, al acecho. En el momento en que el transportista pasó a la pescadería, corrió agachado (¡qué habilidad!), abrió la parte trasera del vehículo, enganchó unas piezas que metió en una bolsa y salió najando. Me dieron ganas de aplaudir. Si no lo hice, fue por no descubrirle. El transportista salió tan tranquilo y se abrió. El puto flipe.

—¿Nos vamos a andar? —preguntó el Roberto desde el pasillo.

Después de unos minutos nos fuimos.

—Id por donde no haya bares —dijo la cachonda de la Pili.

Ya estaba coordinando la limpieza de las habitaciones, el tema de las sábanas y toallas sucias... Lo que yo decía, un ángel. El Roberto y yo nos piramos con el fuerte propósito, bueno, no tan fuerte, de evitar los bares, de no beber y de no bombardear a nadie (ese propósito lo cumplimos siempre). El único al que bombardeábamos a diario era a nuestro hígado. La avenida de los diabéticos, que es como llamamos a nuestra ruta por Canillejas-San Blas, nos esperaba.

4

Yo no soy tonto. Vale que la he cagado muchas veces, como toda la peña, ¿no? Como aquel día en que salí del bar y un policía municipal empujó a un colega y lo tiró al suelo. Mi colega se había salido a fumar, no estaba haciendo nada. Pues sin pensármelo me acerqué al guindilla y le aplaudí en las orejas con todas mis fuerzas, y el nota cayó al suelo mareado y le empezó a salir sangre de los oídos. Más de dos años me tuvieron entre juicios hasta que me pusieron una multa y una indemnización al cabrón aquel. Vale, lo mismo me pasé mazo porque me dijeron que al tipo le quedó minusvalía, algo de sordera, vamos.

O como aquella vez que unos cabrones de San Blas me echaron un cuarto de tripi en una birra. Me empecé a sentir mal y me fui para casa. Pero por el camino me encontré con un tendedero repleto de ropa, bro, pfiiiiuuuuu..., no veas. La ropa empezó a atacarme, tío, y cuanto más me revolvía más liado estaba y empecé a golpearme el cráneo con los hierros de las cuerdas, haciéndome heridas por toda la cabeza. Y yo dando gritos hasta que me caí al suelo y salí a gatas, bro, pero la calle no era la calle, había caballos con guerreros chinos. Sí, eran putos guerreros chinos, ¡te lo juro! Y venían a matarme, así que tuve que escaquearme como pude, bro, chorreando sangre por la parcela hache hasta que me caí por unas escaleras y ahí ya no recuerdo más, solo que me desperté unas horas después hecho una pena, meado y con la cabeza como si estuvieran desfilando una peña tocando tambores.

Pero no soy tonto. Sé que tampoco me van a dar el Premio Nobel, pero en el barrio hay peña más torpe que yo. Me llamo Jero y siempre tuve problemas para relacionarme. Bueno, en realidad me llamo Juan, pero un día cuando era chinorri echaron una película del jefe indio Jerónimo y los demás niños dijeron que se parecía a mí, así que me cayó el mote. Tampoco me molestó mucho porque me gusta más Jero que Juan.

Mis padres me llevaron al médico, por eso, por mis problemas para relacionarme con otros niños y con los profesores. Y después de muchas pruebas dijeron que yo tenía un cierto grado de Asperger, que tendría dificultades para siempre con un montón de movidas que yo no entendía, como la comunicación no verbal o que me mostraría siempre distante o que sería un tipo rutinario y repetitivo en comportamientos. A mí me parecía que yo era normal, que los raros eran los otros, y me lo sigue pareciendo, qué quieres que te diga, bro. Así que, después de asistir a terapias en las que querían enseñarme a hablar cuando yo ya sabía hablar y gilipolleces por el estilo, decidí no ir nunca más a esos sitios. Y dejé de tomar una pastilla roja que me dejaba aplanao, bro, y no me dejaba concentrarme y además no me empalmaba, ¡menuda mierda!

Vale, reconozco, pero ya con los años, ¿eh?, que tengo algo de eso. Porque no soy un tolai y he mirado en internet y algo hay de todo eso que pone del Asperger en mi comportamiento. Pero de ahí a ser tonto… Soy uno de los primeros que me he dado cuenta de que nos quieren quitar la casa, sí, sí, sí, así como te lo cuento, bro. ¿Que por qué lo sé? Pues porque vivo solo y desde que murieron los viejos escucho mucho la radio y estoy informado. El edificio que quiere comprar en Canillejas ese fondo buitre es el nuestro. Bueno, también lo sé porque me lo ha dicho el casero, el Zosi, ese sí que es tonto del culo. Más descerebrao que ese no vas a encontrar en el barrio y en las afueras, bro. Me lo encontré una noche borracho y me contó que vendía el edificio, que tenía deudas de juego. Le llevé a su casa porque me dio pena. Qué ruina de tío. Si me quitan la casa no sé qué voy a hacer. Pero también me dan pena mis vecinos, la mayoría viejos que no tienen dónde ir. Estoy todo el rato mirando por internet, bro, y apuntando en un archivo de Word todos los sitios a los que podemos ir a pedir ayuda, todo ordenao y eso, pero algo hay que hacer. También he cogido información de los cabrones que quieren jodernos, un fondo buitre que se llama Feldix y que se dedica a eso, a comprar edificios con la gente dentro. Luego los echan y hala, a hacer apartamentos de lujo. Yo no creía que hubiera gente así, te lo juro, menudas jodidas sanguijuelas de los cojones.

¿Adónde voy a ir yo? Pero ¿adónde van a ir Víctor y Antonia, los del primero C, ella sorda y sin dientes? O María y Josemari, los del segundo A, ella con Alzheimer. ¿Qué va a ser de los del tercero A, doña Virgi y Manolito, su hijo subnormal? ¿Dónde va a ir el Bonico, del tercero C, un abuelo con más años que el canalillo y que ya va dando voces por el barrio porque se le está yendo la pinza? Bueno, y qué va a ser de todos, pero sobre todo de la gente mayor, que son la mayoría.

Yo es que te lo juro, bro, a veces dan ganas de coger un rifle y empezar a cargarse hijoputas de estos que van haciendo daño a gente que no se mete con nadie en plan psicópata de esos que disparan en Estados Unidos.

Bueno, voy a seguir con mi lista, y a ver si empiezo a calcular posibilidades. Porque esa es otra, yo puedo escribir un libro de listas, pero en cuanto tenga que empezar a llamar o ir a ver a gente, ahí ya no puedo, macho, porque me entra un canguis que flipo y no arranco, no arranco, bro, y me da una rabia. Y a ver a quién convenzo yo del edificio para que empecemos a hacer cosas y... Joder, qué puta movida, bro...

5

—Estos garitos van a desaparecer —le dije al Roberto en referencia al tugurio del Julito—. ¿Te has dao cuenta, tronco? No hay gente joven.

—La gente joven no entra en los bares. Primero, no beben tanto alcohol como nosotros. Están enviciados con las bebidas energéticas esas. Y cuando lo hacen pillan priva en el chino o en el súper. Y eso que este no es caro. Pero el precio de una birra duplica lo que les cuesta en una tienda. Y eso aquí. Que vete al centro. Te pueden cobrar por un vino o una birra cinco pavos en una terraza. Y se quedan tan anchos.

Llevaba razón. Los únicos que prometían eran los sobrinos del Araña y sus colegas. Y ojo, que ya no eran tan críos. De repente, entró un nota. Vestía chupa de cuero, vaqueros y deportivas negras. Se dirigió a la barra. Saludó al Julito, al que vi sonreír, y eso era noticia. No solo sonrió, sino que salió de la barra y se fundió en un abrazo con el tipo. Volvió a entrar en la barra. Vi que el Tijeras se dirigía al de la chupa de cuero y le saludaba efusivamente. También lo hizo el Pirri. Joder, parecía la película de *El Padrino*. El tipo pidió una birra y entabló palique con el Julito, a quien nunca había visto gesticular y asentir tanto. El Tijeras y el Pirri siguieron a lo suyo. La Carmen estaba ahora con un cliente. Era un jubilado. Ella le tiró las cartas. Él le miró las tetas.

—¿Quién será este tipo? —preguntó el Roberto.

—Ni puta idea, tronco. Lo mismo el Julito es gay y es su novio.

—¿Tú crees?

—No sé. No, se habrían dado un pico, ¿no?

—Ni idea.

—Es alguien al que aprecia mucho, eso está claro. El Julito no suele empatizar tanto, le he visto mogollón de cariñoso.

—Por eso te lo digo.

—¿Otra? —le dije alzando el vaso vacío.

—Mejor vámonos a comer. Que seguro que en La Despensa nos atizamos varios vinos.

—Venga, va.

En La Despensa tenían de primero lentejas, patatas con costilla, revuelto de ajetes con gambas y ensaladilla rusa. De segundo había hamburguesas caseras con patatas, conejo al ajillo, cinta de lomo y cogote de merluza. Yo me pillé las lentejas y la merluza y el Roberto la ensaladilla y el conejo. Estaba todo espectacular. Se comía tan bien que se había corrido la voz y venía gente a comer hasta de polígonos industriales que estaban algunos hasta a cuatro o cinco kilómetros. Pero venían los jefes, no los curritos. Los currantes que comían aquí eran de la zona. Muchos dormían en mi hostal. El resto de la fauna eran de esos autónomos que se creían empresarios. El Roberto y yo parecíamos fuera de lugar. Si no fuera porque conocía al dueño de toda la vida, seguramente habrían hecho valer eso de «reservado el derecho de admisión». O no. A lo mejor todo eran pajas mentales de borracho mías.

Cuando ya había devorado medio cogote, con la segunda copa de vino, caí.

—¡Hostias, tronco! —dije.

—¿Qué pasa? —contestó el Roberto, mirando al frente, a izquierda y a derecha.

—Que ya sé quién era el pavo que ha entrado donde el Julito.

—¿Quién?

—El Botas, colega. El puto Botas. ¿Sabes de quién te hablo?

—Sí, claro. No le conozco personalmente. Pero quién no ha oído hablar de él. Fue un pionero con la heroína y con los atracos.

—Sí, y también fue pionero en dejarlo y ponerse a trabajar. Se montó un chiringuito de construcción y hacía reformas. Fue casi el único de su banda que sobrevivió. Me acuerdo del Porras, del Conejo... Eran tantos que ya ni recuerdo. Tampoco conocía a todos. Están muertos. Dicen que la que lo salvó fue la Lola, un pibonaco que conoció en La Elipa. Se casaron y tuvieron dos chinorris, chica y chico. Los dos normales, ya sin movidas de caballo ni mierdas. Hasta estudiaron carreras. Creo que se casaron y viven fuera del barrio. Hace la pila de años que no lo veía, por eso no me acordaba. Pero una de las veces que ha vuelto la cabeza me he quedao con ese careto, ¿sabes? Y acabo de caer ahora.

—Yo no lo conocí en persona. Pero sus hazañas...

—Sí, tronco. Después vinieron el Chule y otros. Pero él fue listo. Lo dejó antes de que lo ligaran. Porque, te digo una cosa, toda esta peña acababa en la trena o muertos.

—¿Vive en el barrio?

—Sí, y es lo raro, que no nos hayamos cruzado nunca. Serán los horarios y las costumbres de cada uno. El nota no solo dejó el caballo y la delincuencia. Dejó la vida social. Se dedicó a su mujer y a sus hijos. Y supongo que fue lo mejor que pudo hacer. Porque el que tiene vicio es mejor que se aleje de los bares y de los antiguos colegas.

—Eso es verdad. Mira nosotros cuando nos vamos a andar.

El menú molaba. Pero si tomabas copazo, ahí te metían un rejón que flipabas. Así que acabamos en el bar Soria. Ya estaban terminando de dar las comidas. Nos sentamos a una mesa y pedimos dos copas de Johnnie Negro. A tomar por culo.

—¿Y qué se le habrá perdido por donde el Julito? —preguntó el Roberto.

—Ni idea.

—Habrá ido a saludarlo, ¿no?

—Me extraña. También podría ser, pero tanto tiempo sin aparecer...

—A lo mejor ha ido más veces y no lo hemos visto. Tampoco hemos parado tanto en donde el Julito.

—Eso es verdad.

—Estos, el Pirri y el Tijeras también lo conocían.

—Bueno, todos los que han sido yonquis se conocen.

Nos salimos con las copas a una mesa alta de las de fuera, para echar un cigarro. El Soria no es lo del Julito. Aquí se respetan las normas. No dimos más importancia a la aparición del Botas. No pasaba de ser una anécdota. Todavía nos tomamos un par de copas más y nos fumamos varios trujas. A los borrachos nos es muy difícil parar. Después nos fuimos tambaleándonos hasta el hostal para echarnos la siesta.

6

El dueño de Feldix estaba con su primogénito en el jardín. Él también trabajaba en la empresa, pero era domingo, día de comida familiar. Ambos degustaban sendas copas de vino y fumaban dos habanos. Paseaban por el jardín tranquilos, sin prisa. Vestían ropa cómoda, polos Ralph Lauren y bermudas de la misma marca con mocasines Aurélien Yacht Loafers. Padre e hijo se parecían mucho en complexión y facciones. Los diferenciaba la edad, claro, y que mientras el padre era rubio con ojos de un azul celeste, el hijo tenía el pelo castaño y los ojos verdes. Cayetano Aguado tenía treinta y tres años, unos veinticinco menos que el padre. Estaba casado y tenía una hija pequeña que era el ojito derecho de los abuelos, de los padres e incluso de la hermana, que se comía a besos a su única sobrina, Cayetana.

—Quiero que trabajes con Ramiro en algo —dijo Borja María.

—Papá, estoy hasta arriba de trabajo. ¿Es necesario?

—No es imprescindible, pero la operación es importante. Eres mi hijo y te quiero ahí. Es relativo a los tres nuevos inmuebles que vamos a comprar. Pero no solo es eso. Es estrategia. Quiero cambiar la forma en el trato con los vecinos. Hasta ahora, la política era echarlos sin contemplaciones y si no se iban empleábamos los métodos que tú ya sabes. Aparte del dinero que nos gastábamos en tipos duros, luego teníamos que gastarnos más dinero en abogados para cubrir demandas de acoso, amenazas y hasta lesiones. Por no hablar de la mala fama que adquiríamos cuando todos esos sindicatos y asociaciones vecinales y de las otras, las de antidesahucios, salían en televisión y en prensa.

—¿Y cómo quieres que se vayan los vecinos?

—Hablando con ellos, convenciéndolos de que lo mejor es que se vayan porque si se quedan los denunciaremos y al final se tendrán que ir de todos modos.

—No me parece razonable, papá. Esperarán y ganarán tiempo.

—No si les ofrecemos dinero y ayuda para que busquen otra vivienda. No hablo de hacerles ricos. Creo que, si les damos tres mil euros y les ofrecemos otro piso de alquiler, de nuestro grupo o de otro, barato y asequible, en las afueras, por supuesto, o incluso en ciudades fuera de Madrid, pueden aceptar. Y ese dinero es mucho menos de lo que nos gastamos en abogados o en empresas de desocupación.

—Eres un zorro.

—Podemos además ofrecerles asesoría jurídica que no nos costaría nada, porque sería la de nuestra empresa. Me fío totalmente de Ramiro. Pero quiero que vayas participando cada vez más en la toma de decisiones. Al fin y al cabo, yo voy cumpliendo años. Mi idea es que cuando llegue el momento de retirarme tú me sustituyas.

—Papá, ya hemos hablado de eso. Y aún falta mucho para que tú te retires. Eres un tiburón. Todos te respetan y hacen lo que tú digas. Si alguien quiere invertir y se entera de que tú estás en ello, se retira.

—Y eso es lo que quiero que aprendas. Te has formado en los mejores colegios, en las mejores universidades. Pero allí no te enseñan esto.

—Tengo al mejor profesor. A ti.

—Esto no es un juego, hijo. Esto es una guerra. Y hay que estar preparado para defenderse, pero, sobre todo, hay que saber atacar y eliminar a los enemigos. Tienes mucho que aprender todavía. Por eso quiero que te vayas preparando. ¿Me entiendes?

—Sí, papá, claro que entiendo.

—Delega parte de los trabajos que llevas. No es que los pueda hacer cualquiera, pero tienes gente valiosa en tu equipo. Trabaja con Ramiro. Ya se lo he dicho. Reúnete con él mañana.

Hacía muy buen día. Los puros habanos habían disminuido en calibre, así como la botella de vino. Las mujeres estaban también en el jardín, alejadas unos cuantos metros. Cayetana, la niña, correteaba persiguiendo a los pájaros, vigilada por los atentos ojos de Macarena, su madre. Y la hermana de Cayetano, que aún vivía con los padres, corría detrás de la niña, la atrapaba y le hacía cosquillas para que ella se riera. Mariví era una especie de oveja negra. Sacó el bachillerato gracias al dinero que su padre se dejó en uno de los colegios privados más elitistas de Madrid. Eligió una carrera no muy difícil, Sociología, que en el colegio mayor donde estudió prácticamente la regalaban, previo pago de la matrícula y de las costosas cuotas mensuales. Solo así pudo titularse. Su padre había invertido una fortuna no solo en colegios, sino en clínicas de desintoxicación. Mariví, había sido adicta a la cocaína y al alcohol, y eso que se supiera. Los médicos habían dicho que estaba curada, pero que había que vigilarla durante toda la vida, ya que una adicción puede reaparecer en cualquier momento.

El mayordomo avisó a la familia de que la comida estaba en la mesa. Se sentaron, ocupando cada comensal sus posiciones. El padre presidiendo y el hijo a su derecha.

A la derecha del hijo, su mujer, que había sentado a la niña a su lado sobre una trona. La matriarca estaba a la izquierda de Borja María y a su lado estaba la hija, que observó con cierta envidia como el resto se servía una copa de vino que para ella estaba totalmente prohibido. Hablaron de trivialidades mientras les servían los platos y posteriormente decidieron tomar una copa de champán en el jardín. Brindaron por la niña, que significaba la continuación de la familia.

—Deberíais tener un niño —le dijo al oído Borja María a su hijo.

—Papá, ya hemos hablado de eso.

—Esa responsabilidad también es tuya. Mariví... No digo que no haya puesto empeño en desengancharse de sus vicios, mi dinero me ha costado. Ella es débil. Jamás me dará un heredero.

Tras la comida, una camarera trajo dos copas que calentó con un soplete de cocina y añadió un coñac cuya elaboración se produjo en un año en que la mayoría de los presentes no habían nacido. Las mujeres se limitaron a tomar café y a Mariví le sirvieron un tipo de infusión que servía para mantener los nervios a raya.

Tras la sobremesa en el jardín, Cayetano, su mujer y su hija se dispusieron a irse.

—Recuerda reunirte mañana con Ramiro, ¿eh?

—Sí, papá.

Se despidieron y se marcharon. Borja María pidió otro coñac y encendió otro cigarrillo. Mariví lo miró de soslayo y se retiró sin decir nada.

—No deberías beber tanto, y menos delante de la niña. Estoy harta de decírtelo.

—Y yo estoy harto de escucharlo. Bebo porque me lo puedo pagar. Y la niña tiene que aprender a vivir en un mundo en el que las tentaciones estarán siempre ahí.

Se levantó y se perdió por la puerta de entrada a la casa. Entró en su despacho y depositó la copa al lado de un ejemplar de *El arte de la guerra*, de Sun Tzu, uno de sus libros de cabecera.

7

El Roberto se fue al banco a sacar pasta de una ayuda que le estaban dando ahora. Al llegar donde el Julito, me quedé mirando una pancarta que habían puesto en el edificio. El día anterior no estaba. Estaba hecha de forma artesanal y ponía: S.O.S. ESTE EDIFICIO NO SE VENDE. VEINTE FAMILIAS EN RIESGO DE EXCLUSIÓN. Y, tras unos momentos, caí en la cuenta de que este debía de ser el edificio de Canillejas que iba a comprar el fondo buitre. Entré en el bareto y pedí un copazo. Era admirable el talento de la Carmen para engañar a la gente. Les sacaba información sin que se dieran cuenta para usarla después. Una señora le cuenta a su amiga que no entiende cómo ha podido adivinar que su pareja la había dejado. La respuesta era sencilla: se lo había dicho ella nada más entrar.

El Pirri seguía con Lehane y el Tijeras con la tele. La mayoría de las veces estaba puesto el canal de Televisión Española de veinticuatro horas de noticias. Los sobrinos del Araña, parados de larga duración, discutían sobre *youtubers* e *influencers*: que si este me putoflipa, que si el otro me putodeprime, que si esto o aquello es pec..., la madre que los parió. El Zosi tomaba una copa de brandi barato ocupando un espacio de barra entre el Tijeras y los sobrinos del Araña. El Roberto y yo no habíamos ido a andar porque le dolía una pierna y yo, solo, no me había animado. Así que hoy descansábamos. De andar, no de beber. Beber era más fácil que andar, dónde iba a parar.

Las noticias de hoy no eran mejores que las de ayer. La tele no estaba muy alta y no la escuchaba bien. Dicen que son tiempos peores. Pero no es verdad. El mundo nunca ha estado bien. Ni cuando yo ejercía de periodista, ni cuando estudiaba. Ni siquiera cuando yo era pequeño. Todo se movía por intereses. Todo estaba podrido. Y si alguien intentaba alterar el orden, coger lo suyo o poner las cosas en su sitio, a ese lo perseguían, lo encerraban o lo mataban. Era lo que había.

El Pirri dejó de leer y se acercó hasta mi mesa.

—¿Qué tal la novela? —le pregunté.

—Está cojonuda, tronco. Este tío es un crack.

Se sentó a la mesa. Miró su copa al trasluz y me ofreció un piti. Se lo acepté. Si no había mucha gente, que era casi siempre, solíamos fumar. El Julito lo toleraba, aunque no terminara de hacerle mucha gracia. Pero le hacía menos gracia que el Gobierno le dijera lo que podía o no hacer en su local.

—Me parece que nos quedamos sin bar, colega.

—He visto la pancarta fuera.

—Y eso no es lo peor. En el edificio viven veinte familias. La mayoría llevan toda la vida aquí con sus contratos de renta antigua. Muchos ya no tendrán que buscar dónde vivir. Tendrán que buscar dónde morir.

—Es lo que dicen en la tele de un fondo buitre, ¿no?

—Sí.

—¿Y es legal?

—Totalmente legal. Al parecer, todavía no lo han comprado. Pero está al caer. ¿Te acuerdas de cuando vino el Botas?

—Sí. Al principio no caí. Pero luego ya me acordé de él. Es que hacía tela de tiempo que no lo veía.

—Vive en el edificio, con la Lola, su mujer. Al parecer, heredó el contrato de alquiler de renta antigua. Pagan un alquiler barato. Desde luego, si les echan, no van a encontrar nada igual en todo Madrid.

—Y lo que es peor —intervino el Tijeras, que vino a sentarse con nosotros—, reformarán las casas y las convertirán en pisos turísticos o en apartamentos inaccesibles para la gente del barrio. Canillejas se ha convertido en zona de alto interés por el puto IFEMA, el jodido aeropuerto y el Indiolandia Metropolitano. Flipa.

—Y aquí —dijo el Pirri, refiriéndose al antro del Julito—, pondrán un McDonald's o un jodido Starbucks. Se están cargando los barrios. Los pobres molestamos. Y tú ándate con el bolo colgando, que tu hostal es muy goloso, y ahí montan un hotel de cinco estrellas que flipas.

—Pues si me hacen una oferta guapa... Es broma. Hay una diferencia. El hostal es mío. Y este edificio es de renta antigua. Y yo vivo bien sin dar un palo al agua.

El Roberto regresó del banco y pidió de beber. También invitó al Tijeras, al Pirri y a la Carmen. En cuanto tenía algo de dinero convidaba a los colegas. Los pobres somos así. Los ricos no invitan, si pueden te roban para tener más.

—¿Hay cónclave? —preguntó el Roberto.

—Estamos hablando de la movida del fondo buitre. Por lo visto, van a comprar este edificio.

—Ya he visto la pancarta fuera.

—Tú eres abogado —dijo el Tijeras—. ¿Qué opciones tienen los vecinos?

—Ninguna. Los vecinos en su día se beneficiaron de la renta antigua. Fueron contratos, si no me equivoco, que se firmaron entre 1950 y 1985. Los beneficios eran congelamiento del alquiler o incrementos mínimos, la posibilidad de heredar esos contratos y derecho de venta y alquiler preferente.

—Pero, entonces, no pueden echarlos, así como así, ¿no? —comenta el Pirri.

—El tema de los desahucios es complicado. Pero hay bufetes de abogados que se las saben todas. Además, ha habido varias modificaciones de la ley a partir del 85. Algunos contratos caducan si han pasado veinte años y ha habido subrogaciones del mismo. Y los jueces pueden tener en cuenta, de hecho, lo hacen, si la vivienda le hace falta al propietario, además de otros factores.

En ese momento, entró en el bar una pareja. Nadie los conocía. Vestían bien, eran altos, de unos treinta años. Él era moreno, ella rubia, seguramente de bote. Pidieron dos cafés. El Julito no les dio ni los buenos días. Tras prepararles los cafés volvió a sus quehaceres, pero ellos le llamaron y, cuando parecía que le iban a pedir una tostada o cualquier otra cosa por el estilo, se presentaron. Estábamos cerca y pudimos escuchar la conversación perfectamente. Él se presentó como Juan Ramos, representante de la empresa Feldix, y ella como Jessica, trabajadora social.

—Estamos aquí para hablar con los vecinos —dijo el tal Ramos.

—Diréis que más bien habéis venido para limpiar el edificio de jodidos inquilinos incómodos —dijo el Julito, sonriendo como una hiena. Mala señal. Yo conocía esa sonrisa.

—No deberías usar esos términos —dijo ella—. Mira, yo viví veinte años en Carabanchel, con mi madre y con mi abuela. Se nos acabó el contrato y nos tuvimos que ir. Esto es así.

—Pues yo no me pienso ir de mi bar. Así que ya os estáis marchando por donde habéis venido.

—Eso no es inteligente —Ramos, que no tiene ni puta idea de con quién se la está jugando.

—¿Me estás llamando gilipollas? —el Julito, que ya acariciaba el bate de béisbol que tiene debajo de la barra.

—Oye, solo queremos hablar —dijo Jessica—, no estamos faltando a nadie. Lo único que dice el compañero es que os conviene hablar con la empresa, individualmente. Ellos no compran el edificio y sálvese quien pueda. A veces ofrecen ayudas. Si te dan por ejemplo tres mil euros y te ayudan a buscar otro contrato, pues mira.

—Son razonables, créenos —apostilla Ramos.

—¿Tres mil euros? ¿Tres mil putos euros para quedarnos en la calle? ¿Razonables? ¿Tan razonables como esto? —El Julito blandió el bate. Daba miedo.

—¡Oiga! —ella.

—Pero, pero... —él.

—¡Ahora mismo os vais a tomar por culo los dos de aquí, pingos! —y estrelló el bate contra la barra. Los dos cafés saltaron en sus platillos. Y la pareja salió materialmente corriendo con el horror dibujado en sus caretos—. ¡Me cago en su puta calavera! —continuó—. ¡Hay que tener huevos o ser muy gilipollas para venir aquí a decirme que van a quitarme el bar por tres mil cochinos pavos, coño ya!

El Pirri y el Tijeras se levantaron y trataron de calmarlo desde fuera de la barra. El Julito hizo algo que no solía hacer, salvo en contadas ocasiones. Se echó un copazo de whisky y se lo privó casi de un trago. Estos dos le dijeron que venga, que no merecía la pena, que no iba a ganar nada llevándose ese mal rato. Poco a poco se fue calmando. Pero llevaba toda la razón. Yo también me habría mosqueado. ¿Quién no? Pedimos otra ronda.

A la media hora llegó el Botas. Iba con las manos metidas en los bolsillos de la chupa, medio despeinado. Se pidió un botellín y le contó al Julito que había tenido un encuentro con Ramos y Jessica. Que seguían hablando con los vecinos.

—Pues no sé cómo les han quedado ganas después de la que le ha montao este —dijo el Tijeras—, que les ha sacado el bate de béisbol.

—Es su trabajo. Y no van a parar —dijo el Roberto—. Por lo que he escuchado, antes compraban el edificio y enviaban un burofax. Y, claro, los vecinos se rebelaban. Ahora intentan hablar y negociar con todos individualmente, ofreciéndoles algo a cambio de que abandonen las viviendas. Les intentan comer la cabeza de forma medio pacífica. No quieren movidas.

—El Jero, el chavalote del primero B, les quería pegar —añadió el Botas—. He tenido que mediar. Yo creo que la empresa no sabe con quién negocia. Porque aquí se puede liar parda, os lo digo yo.

—Joder —dije.

El Pirri y el Tijeras le presentaron al Roberto como un abogado, de San Blas. Y a mí como el dueño del hostal. El Botas nos estrechó las manos. No sé al Roberto, pero a mí casi me la rompió. Qué bestia el tío.

—A mí no me van a convencer —dijo—. Mi mujer y yo salimos de esta casa con los pies por delante.

—A mí no me quitan el bar estos cabrones.

—Pues organizaos —dijo el Roberto—. Hay un sindicato de inquilinas e inquilinos de Madrid. Se llaman así, creo. Yo empezaría por afiliarme. Apoyan a la gente que está en vuestras circunstancias, y convocan movilizaciones y tienen su servicio jurídico. Nada más que lo metáis en Google os saldrá. Y cuanto antes lo hagáis, cuanto antes empecéis a moveros, mejor.

—Me lo ha dicho el Jero, tronco. Hasta me ha llevado al ordenador de su habitación y me ha imprimido direcciones de agrupaciones y eso... —dijo el Botas al Julito.

—El chaval tiene su problema, pero tiene buen corazón —respondió el Julito.

—Voy a mirarlo todo en casa y a ver qué sacamos. —Y puso cincuenta pavos sobre la barra—. Invita a estos colegas. Hasta luego.

—Si estos dos se meten en esto, que se van a meter, se lía la mundial —dijo el Tijeras.

—Va a hacer falta algo más que una pareja de puretas para echar a esta gente de aquí —continuó diciendo el Pirri.

—Son expertos, creedme —dijo el Roberto—. Y tienen mucho dinero y la ley de su lado. Aunque intenten hacer las cosas por las buenas, no son hermanitas de la caridad. Si los vecinos los subestiman, perderán.

—¿Y qué van a hacer? —pregunté.

—Como ya os he dicho, intentan ir por lo legal, no quieren líos. Pero a veces han recurrido a empresas no muy legales que se dedican a acojonar a los vecinos con distintos métodos.

—En plan mafioso... —apuntó el Pirri.

—En plan mafioso, sí. Antes intentarán doblegar la voluntad de los vecinos, con buenas palabras. Incluso con dinero, porque hasta eso les va a salir mucho más barato que meterse en juicios. Si han dicho tres mil, es porque están dispuestos a pagar más. Es poco dinero por irte de tu casa. Pero algunos vecinos aceptarán. Y empezará a deshacerse la resistencia. Cuando esta gente quiere un edificio, lo consigue. Hay mucho dinero en juego.

—¿Y ese qué dice? —preguntó el Tije, señalando con el mentón al Zosi.

—¿Ese? —contestó el Julito mientras nos servía unas birras—. Ese es un puto eunuco vicioso que terminará durmiendo debajo de un puente o muerto en cualquier esquina.

—Pero el edificio es suyo. ¿Por qué no habláis con él?

El Julito miró al Zosi con la misma sensibilidad de un taladro hidráulico.

—Ponme otra, colega —dijo el Zosi, levantando la copa vacía.

—Yo no soy tu colega, membrillo.

El Zosi agachó la cabeza mirando el fondo de la copa, como asombrado de que ya no tuviera más brandi. Hacía mucho tiempo que no tenía en cuenta los reproches. Estaba más que acostumbrado a ellos.

—Tú, ven pa'cá —le dijo el Pirri.

—¿Yo?

—Sí, tú, pintamonas.

El Zosi recogió la copa recién rellena y se acercó hasta nuestra mesa.

—Oye, pringao, ¿tú por qué vas a vender el edificio? Que yo sepa es lo único que te queda de lo que te dejaron tus viejos.

—Es que... —masculló—. Es que...

—Esque, esque... ¿Tú eres retrasao? ¡Contesta, coño!

El Tijeras le dio al Pirri una patada por debajo de la mesa.

—El edificio es mío y yo hago lo que quiero.

—Pues ten cuidadito —continuó apuntando al Zosi con la novela de Lehane. Calculé que si le dabas con el lomo a un nota en el cráneo podía haber estropicio—. Porque aquí vive gente que se está cabreando mucho con la movida. ¿Te coscas, capullo?

—El edificio es mío.

—Este es tonto. Hale, pringao, enhebra.

El Zosi, experto en bajar la mirada ante cualquier situación, volvió a ocupar su lugar en la barra. Daba pena verlo. Tenía un cabezón curioso, coronado por una calva que le cubría desde la frente a la coronilla y dos matas de pelo ensortijado entre negro y blanco por encima de las orejas. Era mofletudo de nariz ancha y labios como de sapo. Y tenía barriga prominente que le rebosaba por encima del pantalón lleno de manchas, como la camisa, con dos manchurrones de sudor debajo de los sobacos. Era bajito, desagradable y olía a rancio y a desaliento.

Decidimos ir a comer un menú al Soria.

—Dónde iréis, golfos... —dijo la Carmen.

—Tenemos un simposio en IBM. El Tijeras va a hacer una ponencia sobre ordenadores cuánticos en la sede central. Y encima tiene que hablar en guiri —dijo el Pirri.

—Ahhhhjajajaja... Me matas, cabronazo.

8

Debió de llover por la noche, poco, pero lo suficiente para que la calle oliese a humedad. Estaba en mi balcón, fumando el primer truja del día y degustando un whisky japonés que pedí por internet una noche que estaba pedo. Una noche cualquiera. Ya no recuerdo noches en las que estuviera sobrio, ¿para qué?

Frente al antro del Julito se estaba arremolinando gente. A unos los conocía, a otros no los había visto en la vida. Llevaban chalecos amarillos y naranjas. Por los rótulos, pertenecían a asociaciones distintas. Unos eran de un sindicato de inquilinos y otros de una asociación antidesahucios. Ya había pancartas de diferentes tamaños en todas las ventanas y balcones en plan No nos moverán o Nuestras casas no se tocan. Ingenuos. Pero también pensé que, por otro lado, no podían hacer otra cosa que liarla, no ponérselo fácil al jodido fondo buitre.

El Roberto apareció por la habitación con los cuatro pelos de punta y el careto de no haber dormido lo suficiente.

—Joder, pareces un fantasma, tronco —le dije.

—Tú tampoco estás para ganar un concurso de belleza.

—Anda, píllate un vaso y sírvete. —Señalé la botella.

Le brillaron los ojos por unos momentos. Aceptó, claro.

—Qué movida están montando, ¿no?

—Sí, llevan así un rato. Y cada vez llega más gente.

En ese momento llegó una furgoneta de la televisión.

Diez minutos más tarde, el número de manifestantes se había duplicado y había dos furgonetas más de dos emisoras de radio. Un cuarto de botella de whisky después, la gente lanzaba consignas de protesta y había más periodistas cubriendo la manifa.

—Si seguimos dándole al whisky, hoy tampoco vamos a andar —le dije al Roberto.

—Venga, vámonos.

Bajamos a la calle. Nos interceptó el Pirri. El Tijeras estaba unos metros más allá charlando con el Botas.

—¿Habéis visto qué movida?

—Sí. La van a liar parda —dije—. Mola.

—Sí. Al parecer, los vecinos han contactado con la peña esta de antidesahucios y los del sindicato ese de inquilinos y les han hecho caso. Por cierto, el Botas quiere hablar con vosotros.

—¿Con nosotros? ¿Pa qué?

—Eso que te lo diga él. Que si queréis, ¿eh? Que si no...

—¿Ahora?

—Cuanto antes.

—Venga, íbamos a andar, pero...

Le comenté la movida al Roberto. Se encogió de hombros. Al rato estábamos tomando otra copa en lo del Julito. Juntamos dos mesas. El Botas sonrió, pero a mí no me engañaba. He visto esa mirada muchas veces en tipos del barrio. Era una mezcla de tristeza, ferocidad y violencia, pero a la vez contenía humildad y bondad, un no sé qué como que «te respeto, pero como me toques los huevos te reviento», no sé si me explico. A lo mejor eran imaginaciones mías. El nota dejó el caballo y los atracos hacía mucho, mucho tiempo. Pero me daba en la nariz que no me equivocaba. Quien tuvo retuvo.

—Buena movida habéis montao —dije para romper el hielo.

El nota me miró. Sí, con esa mirada. Pero no contestó. El Pirri miró su copa y el Tijeras miró al Botas mientras que el Roberto observaba alguna quemadura de la mesa, como si tuviera que hacer un informe pericial para algún juzgado. Ante la incomodidad de la situación, bebí un trago y encendí un piti.

—Dicen estos que tú eres periodista y que este es abogado —dijo después de un minuto incómodo.

—Bueno, más bien éramos —le contesté—. Lo fuimos. Ahora somos unos borrachos mataos que tomamos pastillas para un montón de patologías, leves, pero crónicas.

—No entiendo —dijo el Botas—. A ver, tronco, yo soy albañil, no he estudiao na ni sé na. Pero cuando te sacas un título es pa siempre. ¿O no?

—Bueno..., sí, pero...

—Lo que quiero decir es que vosotros dos vais bien de pico. ¿Te coscas?

—Claro, sí. A ver, somos del barrio, colega. Pero claro, podemos hablar como dos fumetas o como dos jodidos estiraos.

—Pues eso es lo que nos hace falta.

—¿El qué? ¿Para qué?

—Mira, colega, la Jessica esa y el cabrón ese del Ramos han estado hablando con los vecinos. Dicen que representan a esos hijoputas de Feldix. Vienen con buenas maneras, que parece que si nos bajamos los pantalones y los gayumbos nos van a comer el nabo, pero lo que quieren es follarnos. Son unos cabronazos. Lo que buscan son las debilidades de cada uno y entonces atacan. A unos les ofrecen tres mil, a otros cuatro mil, a otros un apartamento de alquiler barato en un secarral en medio de la nada a tomar por culo de todo...

—¿Quieres que nosotros hablemos con ellos?

—No, joder. Esos son unos mandaos. Lo que queremos es que alguien como vosotros, que tenéis labia, hable con el jefe, coño, que le convenza de que no compre el bloque.

El Roberto me miró con cara de «qué coño dice el zumbado este». Y no me extrañó ni una cala.

—Oye, tío, ¿tú nos has visto? Este —señalé al Roberto— duerme en el parque cuando llega el buen tiempo. Y yo, pues..., yo...

—Coño, yo sí que no puedo ir porque no sé hablar, joder. Pero vosotros tenéis carreras. ¿Nos vais a ayudar o no?

Y ahí estaba yo, Zip, abogado de causa pobres, amigo de los matados y de los yonquis, metiéndome en otra movida, la enésima de mi vida. Yo solo quería levantarme, tomarme unas copas, echarme una siestecita para volver a levantarme y tomar más copas. El hostal lo llevaba la Pili. Yo solo quería el dinero que generaba para pagar gastos, sueldos y copas, nada más. Pero, por lo visto, eso no podía ser. Claro que entendía lo que me pedía el Botas. Y yo ya había aceptado antes de decírselo. Porque en el fondo pensaba que ningún hijoputa rico tenía derecho a comprar un bloque de mi barrio con las familias dentro.

—¿Y cómo lo hacemos, tronco? ¿Nos presentamos allí y les decimos a los conserjes que queremos hablar con el jefazo? Por no hablar de la seguridad, porque estos cabrones tendrán juraos por un tubo que nos echarán a patadas.

—No sé cómo tenéis que hacerlo. Pero lo podríais intentar.

Miré al Roberto. Ahora miraba su copa, medio vacía. O medio llena. El matiz siempre era importante. Me miró. Se encogió de hombros.

—Di tú algo —le dije.

—Yo... Si tú quieres, vamos. Pero no podemos presentarnos allí vestidos así, como pordioseros. Y habría que intentar concertar una cita. Esa gente no atiende sin cita.

—Vosotros tenéis labia —dijo el Tijeras.

Joder con la labia.

—Son veinte familias, troncos —el Pirri enfatizó cuando pronunció lo de familias—, y el bar, colega, que nos quitan el bar.

Estaba claro que hoy ya no iríamos a andar, otro día más.

—Yo me voy a tomar una birra bien grande —comenté—. ¿Alguien quiere algo?

Lo de cambiar ya a las birras fue aprobado tácitamente, por unanimidad, así que me acerqué a la barra y las pedí. Al pagar la ronda, el Julito me dijo que no, que invitaba la casa. Y a mí casi me da un ictus porque este es más agarrao que una pelea de pulpos.

—Por la ayuda, tronco —dijo, y me guiñó un ojo.

Aquí ya todo el mundo daba por hecho de que íbamos a solucionar la movida el matao del Roberto y yo. Era para flipar.

—Os voy a decir lo que haremos —dije para terminar de una vez esta charla absurda—. Lo vamos a intentar, pero no garantizo una mierda. Creo que es una idea disparatada, que no nos van a hacer ni puto caso, pero al menos lo vamos a intentar, por nosotros que no quede. Esta tarde iremos al Corte Inglés y nos compraremos dos pares de zapatos, dos camisas y un par de trajes de esos baratos, pero que dan el pego. E intentaremos concertar una cita con algún jefazo de la empresa esa.

—A lo mejor lo de la cita no va a ser un problema —dijo el Roberto—. Ellos quieren el edificio a toda costa y negociarán con quien sea y como sea. Seguramente nos dirán que hablemos con esos dos, la Jessica y el Ramos, pero les diremos que queremos hablar con alguien que esté por encima, con quien lleve el tema del edificio de Canillejas.

—Si el problema es que qué coño les vamos a decir —comenté—. No tenemos nada que ofrecer.

—Ya se os ocurrirá algo, ¿no? —dijo el Botas.

—Algo... —yo, con cara de circunstancias.

9

Te voy a contar una cosa que vas a flipar, bro. Van y se presentan en la puerta un tío y una tía con unas sonrisas que flipas. Yo pensé que se estaban riendo de mí y eso no me gusta, pero se presentaron como una pareja que trabajaba para el fondo buitre ese que nos quiere dejar sin keli, ¿sabes? Y, a ver, si me quieren dejar sin casa y se descojonan, pues yo me mosqueo. Así que cojo una estaca de madera que tengo detrás de la puerta y los notas cambian de expresión. Dejaron de reírse y empiezan a suplicarme que por favor no les pegue, que solo están trabajando. Bajo la tranca y me explican lo que quieren y que si me voy de la keli pacíficamente me dan tres mil pavos y a lo mejor me facilitan otra vivienda de alquiler más pa'llá del Cerro de Los Ángeles, donde Cristo perdió el mechero, colega. Amos, no me jodas. Lo que me jodió, bro, fue el puto «a lo mejor», que yo me fijo en esas cosas. Un «a lo mejor» que lo que significaba era que me daban tres mil pavos y una patada en el culo. Eso se lo leí en la mente porque con esto que me pasa a veces leo las mentes, bro, te lo juro, una paranoia. Total, que me cogí un cabreo que flipas, tronco, y como tenía la estaca en la mano la levanté para darle al nota en la cabeza, hasta que el Botas, que iba para su casa, me dijo «Jeeeeeeero, no...», y entonces paré, pero porque lo dijo el Botas, ¿eh?, que si no al nota ese le hago un chichón o algo más y me busco la ruina. Los dos esbirros se fueron para arriba por la escalera.

—Jero, chavalote, no te busques la ruina. Imagina que le abres la cabeza al nota. ¿Qué hacemos, ¿eh? —me dijo el Botas.

En ese momento empezamos a escuchar voces y subimos para arriba. Los gilipollas estos estaban contra la pared, en el segundo. El Picana les apuntaba con una navaja de muelles y decía que los iba a matar.

—¿Pero ez que noz tomaiz por gilipollas a mi colega el Trepa y a mí, pingos? Oz juro que oz rajo y oz zaco to laz tripaz, capulloz. ¡Cagüen mi puta calavera!

El Trepa, su compañero de piso, estaba apoyado en la jamba de la puerta tan tranquilo, sonriendo, con su yonquilata de marca blanca en la mano, el hijoputa. Y los esclavos de Feldix estaban aterrorizados. Así que el Botas, ¡joder, con lo que había sido el Botas!, empezó a poner paz e hizo que el Picana guardara la navaja. Los esbirros salieron corriendo por la escalera, te lo juro, y echaban un pestazo a miedo que pa qué.

—Tú me conoces, payo —le dijo el Picana al Botas—, yo por laz buenaz lo que quieraz, pero por las malaz...

—Ya lo sé, tronco, pero no puedes sacar la faca al primero que llame a tu puerta.

—¡Que noz quitan la caza, payo, que nos la quitan, y yo por ahí no pazo!

El Picana y el Trepa, yo es que me parto, ¿sabes? Siempre me han hecho gracia, porque te digo una cosa: cuando nacieron se rompió el molde. Tienen setenta y cinco y sesenta años o por ahí, más o menos. El Trepa toca la guitarra, de oído. Sabe ocho o nueve notas que combina muy bien, otra cosa es el ritmo y el compás, ahí ya lo lleva peor. Es alto y algo regordete y siempre lleva una yonquilata de marca blanca en la mano. El Picana tiene el pelo negro, largo por detrás. Su cara es como de halcón o yo qué sé, con pocas arrugas para su edad, y su rasgo más llamativo es su delgadez. Parece como el Príncipe Gitano zombi, ¿sabes cómo te digo? Va con traje oscuro muy gastado y corbata y canta muy mal, pero el hijoputa se sabe las letras. Presume de haber sido amigo del Jero, el de Los Chichos que la palmó, y de decirle en repetidas ocasiones: «Jero, la droga te va a matar». Los dos se buscan la vida a diario por La Latina y la plaza Mayor. Castigan al personal con sus canciones de Los Chichos o Los Chunguitos interpretadas que dan pena, bro. Yo los he visto alguna vez. Pero, eso sí, todos los respetan. Han tenido que luchar con las mafias rumanas por los sitios de ponerse a tocar y eso y los camareros de las terrazas los conocen y les dejan actuar. Los guiris flipan. El que canta es el Picana y el Trepa toca mientras sonríe porque el Picana siempre le ha hecho gracia, pero lo respeta, bro, por encima de todo. Hace la tira de años que andan juntos estos dos, te lo digo yo.

—Mira, vamos a hacer una cosa —continuó el Botas—. Mañana por la mañana montamos una concentración pacífica con una pancarta. He contactado con un par de asociaciones que nos van a ayudar y a lo mejor hasta viene una tele. Pasaros por ahí, cuantos más seamos mejor. Eso nos puede ayudar más que una navaja o la estaca de este —me señaló—, que también les quería meter.

Los notas dijeron que vale, que se pasarían. Y yo ayudé al Botas a convocar a todos los vecinos, puerta por puerta. El cabrón había aprovechado el material que yo le había imprimido y, ¿sabes?, a mí por lo menos me quedó la sensación de haber hecho algo por la causa. Luego ayudé también al Botas a echar unos papeles por los buzones de varios portales del barrio. Eran muy chulos con frases en plan: NO VAN A QUITARNOS NUESTRAS CASAS, LA UNIÓN HACE LA FUERZA y SI NOS ALIAMOS NO VAN A VENCERNOS.

Un tío curioso este Botas, que fue un yoncarra atracando bancos y eso, macho, pero se retiró, según cuentan porque se enamoró de su piba, la Lola, ¿sabes? Yo conozco a sus hijos.

Lo de la concentración y eso molaba, bro, aunque yo no soy tonto, ¿eh?, y no me hacía ilusiones. Pero bueno, esto era mejor que nada y… Joder, tío, que me disperso, joder.

Na, lo que te quería decir es que el Botas se lo curró y que fue mucha gente a la concentración. Casi todos los del portal. Bueno, menos Aquel Culo, la del segundo C, esa iba a su bola, y doña Martina, que vive en el cuarto con su marido el señor Olegario y no puede bajar y subir las escaleras. El resto todos, hasta el Bonico, el pobre, el del tercero C, que al hombre se le empezaba a ir la pinza y yo creo que no sabía muy bien lo que pasaba, pero que daba voces y se reía como el que más, ¿sabes cómo te digo?

También vi a los matados del bar del Julito, al Pirri, al Tijeras y al Zip y su colega que no me acuerdo ahora cómo se llama, y que ahora van con ellos, antes no, ¿sabes? Me caen bien, son solo unos viejunos borrachos. A veces se tienen que llevar a alguno en ambulancia porque se cae. No veas, son duros los cabrones, pero a veces me dan pena.

Bueno, que vuelvo a dispersarme, ¡joder! Ahora mismo no me ves, pero me golpeo la cabeza con las manos y me concentro más, como cuando antes se desajustaba la tele y le metías un truco y volvía a funcionar. Lo que quiero decir es que la concentración, la primera que se hizo con todo este asunto, salió bien, y que vino gente de los alrededores por el buzoneo y eso y, bro, gente que no conocía de na, te lo juro, gente que llevaba petos del sindicato de inquilinas e inquilinos y los de Stop Desahucios, que apoyaron tela marinera. Y, como dijo el Botas, vino una furgona de televisión y dos radios que hablaron con los vecinos y ahí yo ya me escaqueé, ¿sabes cómo te digo? No fuera que me preguntaran y yo soy muy retraído para eso, bro, por la movida del Asperger o lo que sea, y entonces me encontré con el Zosi que vigilaba desde una esquina todo el percal y le dije que era un mierda, que mira la que estaba liando.

—Yo seré un mierda —me dijo—, pero tú eres tonto desde pequeño.

Y ahí ya no me pude aguantar, macho, porque, además, como ahí no había ningún Botas que me parara los pinreles, le metí con la mano abierta que el nota debió de escuchar las campanas de la catedral esa de Santiago cuando sacan el Botafumeiro ese de los huevos.

10

María Victoria y Borja María se habían conocido en la universidad. Él quiso ir a la Complutense, a la que también fue ella. Se había doctorado posteriormente en Harvard, pero ella no, porque pertenecía a la clase media baja y no podía ni soñarlo, así que se conformó con un máster postgrado que pudo terminar gracias a una beca. Sus padres, ya ancianos, vivían en un piso en Chamberí que les dieron a sus abuelos a cambio de una casa baja que tenían en el barrio cuando todavía era pueblo. Aún se desenvolvían bien. María Victoria había contratado a un par de chicas que les hacían la vida más fácil. Tenía un hermano mucho más joven que se dedicaba a hacer cosas en internet que ella no entendía, cosas que tenían que ver con Instagram, con el diseño gráfico, con la fotografía digital y con la producción digital de eventos deportivo-culturales.

María Victoria se casó enamorada, tanto, que aceptó no trabajar para estar en casa y ver crecer a sus hijos. Borja María supo convencerla de que, a pesar de tener criados para todo, era importante que los niños tuvieran la referencia materna en casa. Fue una equivocación, pero ella entonces no supo verlo. Creyó que él estaba enamorado de ella. Con el tiempo, se había dado cuenta de que su marido había creado una estructura familiar estable, de la que ella y sus hijos formaban parte necesaria porque en el mundo de la familia de él y de sus amigos no era posible otro tipo de estructura. Ella sabía hacía tiempo que su marido iba con otras mujeres, algo bien visto por los hombres que rodeaban a Borja María, siempre y cuando se llevara con la discreción adecuada.

Cuando cayó en la cuenta de que su querido esposo le ponía los cuernos, quiso morirse primero y después matarlo a él, al menos de pensamiento, pero en un par de días razonó que solo había dos soluciones: romper el matrimonio o seguir como si nada sucediera. Ella no había tenido la misma vida que él, y tampoco es que lo odiara. Tras otro par de días, pensó que vivía bien y que por qué iba a renunciar al privilegio de vivir como lo hacía. Así que eligió la segunda opción. ¿Acaso no lo hacían un buen puñado de mujeres que conocía?

De esta forma, su relación, con los años, se había transformado en una relación fraternal, de respeto mutuo, de apariencias que beneficiaban a los dos. María Victoria intuía cosas, claro, pero sin querer profundizar, ¿para qué? ¿Qué beneficios podría traerle a ella saber el nombre de la amante de turno?

María Victoria solo intuía. No sabía que esa noche su marido cenaba con una rubia mucho más joven que él. Una rubia llamada Jessica que trabajaba para Feldix y que no tendría ningún problema laboral hasta que él se cansara de ella, porque se cansará, siempre le pasa. La cena transcurre en un club exclusivo privado del que él es socio, más lujoso que cualquier hotel de cinco estrellas de Madrid. Jessica le está poniendo al día de cómo van las cosas en el edificio de Canillejas, el último en el que el tiburón Borja María ha puesto sus ojos.

—La cosa va un poco lenta —dice ella, después de probar un vino blanco que no volverá a probar si no es con él—. Es verdad que algunos vecinos han empezado a mostrarse receptivos y creo que en unos días aceptarán marcharse, llegado el momento.

—¿Qué porcentaje?

—Bueno, yo diría que un diez por ciento, así por encima.

—Es poco. Tenéis que insistir.

—Y lo haremos, llevamos pocos días. Pero algunos son, cómo te diría…, muy brutos.

—¿Por qué?

—El del bar, del que ya te hablé un día, nos ha sacado un bate de béisbol cuando le hemos ofrecido una ayuda de tres mil euros.

—¿Un bate de béisbol? —pregunta el tiburón con una media sonrisa en la cara—. Qué pintoresco.

—Tú ríete, pero a Juan y a mí no nos ha hecho gracia. Es más, hemos pasado miedo porque luego un tío con un careto muy raro con pintas de oligofrénico nos quería pegar con la pata de una mesa que tenía detrás de la puerta. Después, en el piso de arriba, un viejo que parecía gitano, con traje y corbata gastados, nos ha amenazado con una navaja de muelles mientras su amigo se reía sosteniendo una lata de cerveza de medio litro. ¿Te lo puedes creer? Tengo miedo.

—Tranquilízate y seguid con los vecinos. Hay que convencerlos. Al del bar podemos darle a probar de su misma medicina. Y tomo nota de lo que me dices, a mis empleados nadie los amenaza.

En ese momento, cuando traen los segundos platos, suena el teléfono de Borja María. Es Ramiro, que suele llamarle todos los días a esa hora para ponerle al día. Le dice por WhatsApp que luego le llama, que está cenando. Transcurren más de cuarenta y cinco minutos hasta que terminan con las dos centollas cocidas que han pedido. El jefazo sirve las dos últimas copas de vino.

—Espérame en la habitación, anda —ella asiente—, que tengo que hablar con Ramiro.

—No tardes.

—Descuida.

El club dispone de habitaciones que se alquilan por horas o por días enteros con todos los lujos inimaginables que solo se pueden permitir personas como el dueño de Feldix, que sale a un jardín de diseño perfectamente iluminado para hablar tranquilamente con el gerente después de encender un cigarrillo. Ramiro no puede mostrarse molesto por la espera. Sabe demasiado bien quién manda. Contesta y, con una amabilidad perfectamente ensayada, pone al día a su jefe sobre los diversos negocios, que no consisten solo en la compra de inmuebles.

—De acuerdo, buen trabajo. ¿Algo más?

—Poco más. Ah, una cosa. He dado cita a un tipo que dice que es abogado.

—¿Qué quiere?

—Dice que es amigo de las familias del bloque de Canillejas. He pensado que no perdemos nada en hablar con él y con quien pueda aportar algo, y más pensando en la nueva estrategia de hacer todo por las buenas.

—Bien hecho, ya me cuentas. Por cierto, le he dicho a Cayetano que hable y trabaje contigo en esas estrategias y en todo lo que tenga que ver con el negocio. Es hora de que vaya aprendiendo el oficio más allá de lo que les enseñan en la universidad, tú ya me entiendes.

—Cuando quiera me pondré a su disposición.

—Te veo mañana.

—Sí, hasta mañana.

Borja María se levanta temprano a la mañana siguiente. Jessica también iba a hacerlo.

—Quédate más tiempo, no es necesario que madrugues tanto. Pídete un masaje y sauna y que te traigan el desayuno a la habitación.

—¿Qué hora es?

—Las cinco. Tengo que hacer cosas. Te llamo.

En la recepción del club hace que le pidan un taxi, al que da una dirección céntrica, muy cerca de la Castellana con General Perón. El empresario tiene un despacho en la Torre Europa del que solo él tiene llave. Un despacho que nadie más conoce, para poder estar tranquilo, para operar con el ordenador, hacer llamadas o simplemente para retirarse a reflexionar o a descansar. Es amplio, con un gran ventanal, con confort domótico, y dispone de una pequeña habitación con una cama y un servicio con ducha de hidromasaje, además de una mesa de despacho moderna, pero de estilo antiguo. La torre dispone de un servicio de cafetería. Pide un café con leche y una tostada con aceite de oliva virgen extra, salmón y aguacate. Pone el extractor de humos y enciende un cigarrillo mientras termina de arrancar el ordenador. Está allí más de una hora y media mirando sus cuentas, el estado de sus acciones en bolsa, y llama a su bróker, que le aconseja vender algunos títulos y comprar otros. La comisión del bróker es alta, pero eso hace que nunca se equivoque porque se juega su propio dinero. También habla con el departamento de nuevas inversiones de Feldix y da luz verde a una operación nueva que aceptó emprender después de escuchar a los principales expertos. Feldix también va a meterse en la compra de derechos de autor de libros y de discografías de grupos, un negocio muy rentable.

Antes de irse, mira a través del cristal. Ve el estadio Santiago Bernabéu y la Castellana. Desde la planta veinticinco se ve todo pequeño. Los coches parecen hormigas y las personas son puntitos en movimiento que van o vienen de algún lado, cada uno con sus preocupaciones, con sus problemas, y todos dirigidos por alguien. A él no le dirige nadie. Al contrario, él es el que maneja muchos de los hilos del poder. Cada vez más.

11

Por la tarde fuimos a El Corte Inglés y nos compramos lo previsto. Yo elegí un traje gris oscuro y él uno azul marino. Nos los probamos. Teníamos unas pintas patéticas. Parecía que habíamos robado los trajes. O a lo mejor era nuestra imaginación. Logramos componer dos conjuntos aparentes, sin pretensiones, complementados con dos pares de zapatos negros, dos camisas blancas y dos corbatas de esas horteras, pero modernas. Obviamente pagué yo.

Fuimos y volvimos en el bus 153, a palo seco de priva. No encontramos ningún chino cerca. Así que, al llegar al barrio, fuimos directamente a lo del Julito y nos tomamos unas birras fresquitas. Estos no estaban. La Carmen nos dijo que el cabrón del Pirri le había dicho que el Tije y él iban al aeropuerto a recoger a un jeque para llevarlo al Palacio de la Zarzuela porque el Tijeras le había concertado una cita con el rey.

—¿Os lo podéis creer? Jajaja... Este chico me mata.

El Julito nos volvió a invitar, pero esta vez no dijo nada. Suele hablar poco más que un buzón de correos. Después de tomar las birras, decidimos ir a casa. Al fin y al cabo, tenía 1906 fresquitas, una botella de ribera del bueno, los revueltos de bacalao que habíamos comprado al mediodía en La Despensa y el whisky japonés. Mal plan no era.

—Anda que como no nos den la cita después de habernos comprado los trajes... Lo mismo hemos equivocado el orden —dije mientras echábamos unas birras y unos trujas ya en casa.

—Nos la darán. No te preocupes, hombre. Esta gente hablará hasta con el diablo con tal de comprar el edificio sin ningún factor en contra.

La seguridad del Roberto era algo nuevo para mí porque generalmente era un tipo deprimido e introvertido. Estaba muy lejos de sus mejores años como abogado, de su mejor época como persona. Por eso, ese empuje sin llegar a ímpetu, sin llegar a tener una seguridad en sí mismo fuera de lo común, me extrañaba. Parecía que volver a hacer una gestión le había dado un poco de vidilla, algo de lo que yo me alegraba.

A la mañana siguiente, me eché mi copazo. Para las resacas va genial, mejor que tomarte un ibuprofeno o una aspirina, dónde va a parar. Contemplé la calle. Los repartidores descargaban sus productos en el supermercado, en las fruterías, en los chinos... Los coches, camiones y autobuses salpicaban la atmósfera de humo y de pitidos estridentes. El Pirri y el Tijeras iban con buen paso portando bolsas, lo que indicaba que podrían haber descuidado la mercancía de alguna furgoneta o camión.

—Presuntamente —dijo el Roberto, que acababa de aparecer cuando se lo comenté.

—Pues yo me apostaría cincuenta pavos a que lo han robao. Y no los pierdo.

—Yo estoy tieso, a mí no me mires.

Las mujeres, pese a vivir en un estado que equiparaba sus derechos a los de los hombres, empujaban carritos de bebés y carritos de la compra. También había algún tipo que lo hacía, pero eran los menos. Además, se notaba que ellos no se manejaban tan bien en esos menesteres, se les veía más torpes.

Algunos transeúntes, embutidos en sus chándales y con esos aparatos del Decathlon que te miden hasta las gotas de orina generadas en cada paso, luchaban por empezar a correr sin tropezarse con nadie.

Todo normal. ¿Todo normal? No. En el bloque del antro del Julito había pancartas y en el portal había gente gritando, la mayoría jubiletas que no tenían otra cosa que hacer. Y el Roberto y yo nos habíamos metido en la movida sin comerlo ni beberlo por la ocurrencia del Botas, asesorado por esos dos descuideros borrachos y exyonquis del Tijeras y el Pirri.

Mi vida se complicaba de vez en cuando sin que yo pudiera hacer nada para impedirlo. Claro que, podría haber dicho que no. Pero nunca he podido gobernar esa parte de mi personalidad que se mete en líos tipo cruzada quijotesca, en plan abogado de pleitos pobres. Zip, el amigo de los mataos del barrio.

—Voy a llamar a los de Feldix. ¿Me dejas el móvil?

Le di permiso señalando el cacharro, que estaba sobre la mesa. Al Roberto le puedes llamar, pero él no puede llamar, porque está más tieso que la mojama. Y el poco dinero que le dan de la ayuda lo utiliza para sus gastos.

Estuvo colgado al aparato por lo menos quince minutos. No seguí la conversación entera, porque entraba y salía de la habitación, como si hubiera algo en el ambiente que le impidiera quedarse quieto.

—¿Ves? He conseguido una cita —dijo cuando colgó.

—Joder, Roberto, eres un crack, tron.

—Bah..., te lo dije. Les he dicho que soy abogado y amigo de los vecinos —sonrió—. Me han dicho varias veces que hablara con el Ramos ese y la Jessica, que podía negociar con ellos cualquier cosa. Pero les he dicho que quería hablar con el dueño.

—No jodas que vamos a hablar con el dueño.

—Qué va, ni de coña. Pero me han dado cita con un gerente, un tal Ramiro Vadillo. No es lo mismo, claro, pero al menos podremos hablar y supongo que él se lo dirá al jefazo.

—O nos echarán a patadas.

—También puede ser. Por cierto, he estado haciendo averiguaciones. El fondo pertenece a una de las familias más importantes, los Aguado. ¿Te suena?

—Ese apellido...

—¿Tú te acuerdas de aquella política a la que acusaron de corrupción?

—Coño, ahora sí. Pero no fue al trullo al final, ¿no?

—No se pudo probar nada. Lo que no significa que no ocurriera. En los juzgados hay muchos delitos que se han cometido, que se sabe quién o quiénes los han perpetrado, pero que por falta de pruebas o por errores de protocolo o por una alteración de la cadena de pruebas quedan impunes.

—Cuando te pones en plan jurista eres un coñazo.

—Lo sé. —El Roberto sonrió como cuando un crío hace una travesura—. El fondo buitre es de su familia, aunque el que reza como dueño es un tal Borja María Aguado.

—Sabía que sería un Borjamari o un Cayetano. No falla. ¿Para cuándo te han dao la cita?

—Pasado mañana, a las once.

—Coño, qué madrugón.

—Ya te digo. Tendremos que tomarnos un copazo para aguantar el mal trago, ¿no?

—Hombre, yo sobrio no voy a ningún lao.

—Pues eso.

La Pili entró dando palmadas, diciéndonos que tenían que hacer la limpieza. Vamos, que nos estaba diciendo que moviéramos nuestros culos de allí, pero ya. Ya habían hecho las habitaciones de los obreros que madrugaban para ganarse el pan, «no como otros». Palabras literales. No lo decía en plan de dar la brasa ni nada por el estilo. Era una especie de broma entre nosotros. Un ángel, la Pili, no me canso de decirlo. Tengo que hablar con el Roberto para ver cómo puedo hacer para que herede el hostal, porque yo no tengo hijos ni más familia.

Nos bajamos al antro del Julito. Entramos entre los jubiletas, que gritaban consignas caducas. Entre ellos estaba el Bonico, el pobre, ese iba a su bola con sus idas de pinza. Pero no molestaba a nadie y siempre sonreía, así que... En la tele, lo de siempre, desgracias y más desgracias. Hasta que llegaron a lo local y me quedé to flipao. Habían detenido al cura del barrio por pasar movidas. El Padre Sustancias, lo llamaban. Al parecer, sobre todo, vendía viagras de contrabando. Además, habían detenido también a su pareja, que le ayudaba a traficar.

—¡La madre que me parió! —dije.

—¿Lo conoces? —dijo el Roberto.

—Sí, claro. No voy a misa ni nada, pero es el cura y lo conozco de vista. Pero es que a la pareja también la conozco.

—¿Tiene novia el cura?

—Sí, a escondidas, claro. Y adivina quién es.

—Ni idea.

—La madre del Tijeras, tronco.

—No me jodas.

—Como te lo digo.

Nos quedamos los dos flipaos dando sorbos a las birras. El Julito seguía a lo suyo, como la Carmen, que estaba diciéndole a una mujer de mediana edad, entrada en carnes, que le iba a tocar la lotería. El resto del bar no hacía ni caso a la tele.

El Botas entró por la puerta justo cuando estaban terminando de dar la noticia. Pidió una birra.

—Por lo visto, los han llevado a los juzgados de plaza de Castilla —dijo.

—Estoy flipando, tronco.

—El Pirri y el Tijeras se han ido para allá. Veremos a ver en qué acaba.

El Botas bebió un trago, apoyó las dos manos sobre la barra, y miró el suelo, como buscando algo, pero no se le había caído nada, excepto el ánimo. Pero el ánimo es de esas cosas que se recupera de otra manera, aunque no hay un libro de instrucciones.

—¿Habéis hablado ya con los del fondo buitre?

—Sí —dijo el Roberto—. Nos han dado cita para pasado mañana, a las once.

Al Botas le pasó una especie de chispa por la mirada. El Roberto también lo notó.

—No te hagas muchas ilusiones.

—No me las hago. No soy tonto. Pero por lo menos es otro palillo que tocamos. Los del sindicato y los de la asociación antidesahucios se están tirando el pisto. Con ellos hacemos más fuerza. Como mínimo salimos en los periódicos y en la radio. También en la tele, que eso es ya la hostia. A ver qué os dicen.

—Sí. Vamos a hablar con un gerente —continuó el Roberto—. A ver qué nos cuenta.

—Los vecinos están jodidos. La mayoría son abuelos. Esa gente no encontrará otro alquiler como este. No van a encontrar nada, joder. ¿Adónde van a ir? La gente joven tiene toda la vida por delante, aunque algunos están tocaos y no se saben defender. Pero la putada son los abuelos. Y la gente de nuestra edad, pues claro, también estamos jodidos. A ver ahora adónde vamos.

—Y todo por la avaricia de una gentuza —dije yo.

—Al Zosi, el dueño del edificio, le quitan un problema. Le pagan en metálico, y santas pascuas. —El Roberto se encendió un cigarro antes de seguir—. Le arreglan la vida de un plumazo, vamos, aunque ya se encargará él mismo de desarreglársela, pero ese es otro tema. Y para ellos es el negocio del siglo. Arreglan los pisos y a tomar por culo, a alquilarlos por mil doscientos o mil ochocientos euros, depende de los metros cuadrados. Y pueden echar a los nuevos inquilinos en cuanto cumplen el contrato o subirles los precios. Es pura mafia. Los de las películas son unos aficionaos al lado de estos.

—Yo tengo pasta ahorrada —dijo el Botas—. Desde que dejé el caballo he trabajado toda mi vida. Primero a nómina y después con mi propia empresa. Mi Lola no se va a quedar en la calle. Y mis hijos ya vuelan por su cuenta. Lo que me jode es que vengan estos hijoputas de fuera y nos quiten los pisos por la cara. Ya sé que no son nuestros, pero, coño, firmamos un contrato, con unas condiciones.

—Papel mojado, te lo digo yo. —El Julito nos puso otra ronda sin pedírsela mientras el Roberto se ponía en plan abogado—. Mira, como tengan la firme voluntad de comprar el edificio, a estos no hay quien los pare. Ahora la vida va así, solo cuenta el dinero. Si lo tienes, eres el puto amo. Si no, eres un esclavo.

Nos bebimos las birras y echamos unos trujas. Seguimos hablando de esto, de aquello. Yo seguía flipando con lo de la madre del Tijeras. Y el Botas no paraba de cagarse en los muertos del Borjamari y de la familia del Borjamari. No estaba dispuesto a irse de su casa ni a que desalojasen a todas las familias. Y lo decía en serio. Yo flipaba. Porque como la movida dependiera de lo que dos alcohólicos habláramos con el gerente del fondo buitre lo llevaba claro. Aun así, nos dio ánimos y las gracias anticipadas. Un buen tipo el Botas. Eso sí, no me gustaría ser su enemigo. Su mirada todavía despedía esa ira ochentera de los tiempos del caballo.

12

Para ir a Nuevos Ministerios podíamos ir desde Las Musas hasta avenida de América y hacer trasbordo en la línea 6 de metro. Pero también podíamos ir hasta Gregorio Marañón y hacer trasbordo en la línea 10. Optamos por la segunda opción por exótica, por más nueva. Y la cagamos. No sabíamos que la estación de Nuevos Ministerios era como la puta T4, así que nos perdimos y fuimos incapaces de encontrar la salida a la calle Orense, la más cercana a nuestro destino. Así que salimos a la Castellana, a tomar por culo, y, ojo, que no estábamos bolingas, que solo habíamos tomado un copazo en el Soria antes de salir.

—Te digo yo que si hubiéramos venido mocos no nos perdemos —le dije al Roberto.

—Permíteme que lo dude. Lo que nos pasa es que estamos muy torpes, colega.

—Será eso. La hostia, con todo lo que hemos andado por abajo y ahora lo que nos queda por arriba. Su puta madre.

Así que nos pusimos en marcha, con nuestros trajes y nuestros zapatos nuevos. La Pili, que vale para todo, nos había cortado el pelo. Con el par de afeitados, la ducha y un poco de colonia de esa que te cobran por un frasco un riñón, la ocasión lo merecía, hasta caminamos por la Castellana sin desentonar mucho, pero solo si nos miraban de lejos. Para dar el pego, el Roberto llevaba un maletín que alguien se dejó hace tiempo en el hostal.

Vacío, claro. También llevábamos un par de gafas de sol Ray-Ban falsas, pero que resultaban.

Las oficinas de Feldix estaban en la planta doce de un edificio del complejo AZCA. Llegamos a la puerta cansados, pero con la intención de llevar a cabo la misión que nos habían impuesto. Pero al llegar a la puerta paramos, como si una barrera invisible nos impidiera el paso. Miré hacia arriba e imaginé a alguien mirándonos desde la azotea. La perspectiva de que nos vieran como dos puntos entre otros miles de puntos que iban de un lado para otro me produjo una sensación de malestar. Era como si alguien nos estuviera apuntando con un rifle de mira telescópica. Ya estaba flipando. Miré al Roberto.

—Mal rollo, tronco.

—Sí, tengo como una pájara de esas que les dan a los ciclistas.

—¿Echamos un trago?

—Creí que no lo ibas a decir.

El tema era dónde pedir un copazo, porque aquello era el paraíso de los Vips, Starbucks y otras franquicias, que si les pedíamos dos copas de chinchón eran capaces de llamar a los maderos. Tuvimos que andar un rato.

—Mira, esto nos va a convalidar nuestro senderismo por la avenida de los diabéticos —dije.

—Dalo por hecho. Después de esto, yo paso ya de ir a andar.

—Tronco, qué ridículo me veo con el traje.

—Bah, yo no. Me recuerda a otros tiempos. Eso sí, no me gusta recordar aquellos putos tiempos. Ya sabes que para mí los tiempos pasados no eran mejores.

Y lo decía un tipo que había tenido una familia, que fue abogado y que ahora vive la mayor parte del tiempo en la calle. Un enigma, el Roberto. La copa no me hizo sentir mucho mejor. Y lo malo era que no podíamos tomar otra porque corríamos el peligro de no subir a hablar con el nota este.

Las copas nos calmaron, pero solo momentáneamente. Cuando llegamos a la puerta del edificio, a mí ya me apetecía otra. El Roberto llevaba un careto que parecía un cartel con un luminoso de neón que dijera: «Otra copa, por Dios». Pero así era la vida de extraña. Allí estábamos los dos, aparentando ser dos ejecutivos que venían a hacer una gestión.

—Habrá que entrar, ¿no? —dije.

—Cuanto antes entremos, antes nos tomamos otra copa.

Me aferré a ese razonamiento. El Roberto sabía ser convincente cuando quería. Rompió todas mis barreras. Nos dirigimos al ascensor y en nada de tiempo estábamos en el vestíbulo de Feldix. Si hubiera habido un radar, al ascensor le habrían multado por exceso de velocidad. Y por cutre, porque de hilo musical llevaban a Bisbal y tuvimos que tragarnos un trozo del puto burrito sabanero, sin bicarbonato ni nada.

La piba de recepción escribía con los dos dedos índices en un teclado. No es que estuviera buena, es que era un pibón de esos que no se ven ni en el bus ni en el metro ni en ningún lado. Siempre he creído que las pibas así vivirían en reservas y que irían a por ellas para ponerlas tras un ordenador de una multinacional o una inmobiliaria. Era una rubia de ojos azules con una sonrisa espectacular que debía de guardar para cuando su jefe la invitara a cenar, porque a nosotros nos miró como si fuéramos dos leprosos, la molestia de su mañana. Los dos nos quedamos mirándole las tetas porque las llevaba casi fuera. Unos pechos que para una piba tan delgada no pegaban nada, pero allí estaban, desafiando a la gravedad y a cualquiera que saliera del ascensor.

—Buenos días —dijo el Roberto, levantando la mirada.

—Buenos días, ¿qué desean?

Lo dijo como si fuéramos vendedores ambulantes, o moscas y ella tuviera un insecticida con el que nos fulminaría si no le gustase nuestra respuesta.

—Tenemos cita con don Ramiro Vadillo —dijo el Roberto.

—El gerente —Zip, el apuntador.

—¿Me dicen sus nombres?

Lo dijo sonriendo, ahora sí, pero era una sonrisa de suficiencia, se reía de nosotros porque se había coscao de que los dos le habíamos mirado las tetas y estábamos todavía perturbados. Los tíos y su relación con las tetas de las tías es todo un enigma ancestral. Todo un misterio que ellas manejan de puta madre, claro. El Roberto le dijo nuestros nombres y nuestros apellidos. Y yo no terminaba de identificarme ni con Cipriano ni con Rodríguez, pero claro, habría quedado mal decir que éramos el Zip y el Roberto, dos borrachos del barrio con vocaciones de quijotes *low cost*.

La piba descolgó el teléfono con más elegancia que la que mostraba tecleando el ordenata, por lo que pensé que se había comido muchas más horas de telefonista que de secretaria, seguramente en trabajos de esos cutres de venta telefónica.

—El señor Vadillo les atenderá en breve. Siéntese ahí, por favor. —Señaló unas sillas alrededor de una mesa, todo en plan IKEA, muy nuevas, muy pijas, todo sin un jodido ápice de alma.

A los diez minutos estuve por decirle a la rubia que si tenía una cerveza, pero me controlé. A los veinte, cuando ya me iba a levantar para decirle a la piba que qué coño pasaba, se abrió una puerta y un tipo con voz aflautada nos dijo que pasáramos a su despacho. Lo seguimos. La estancia era más grande que cualquiera de los pisos del bloque del garito del Julito. Y las vistas eran de coña, porque detrás de su mesa no había pared, sino cristales. Nos invitó a sentarnos frente a él. Y cuando nos ofreció una copa le di un codazo al Roberto para que no dijera que sí rápidamente y no pareciéramos los dos putos borrachos que éramos.

—Bueno —dije. Pasaron tres o cuatro segundos. Vale, yo tampoco esperé un tiempo prudencial, pero al menos no dijimos los dos que sí a la vez tan rápido como para no dejarle terminar la frase y parecer unos muertos de sed.

—¿Whisky, vodka, ginebra...?

—Con un whisky nos va bien —contesté, seguro de que el nota no iba a tener chinchón ni de coña.

—Marisa —dijo descolgando el teléfono—, te necesito para que nos sirvas unos whiskies.

Yo no veía al Ramiro este haciendo de camarero para dos desharrapados como nosotros. Acerté. No sé cómo le dio tiempo a la piba de recepción a llegar tan rápido. Le regaló una sonrisa a su jefe muy distinta a la que nos había mostrado a nosotros y él le respondió con cara de «vete preparando para esta noche, guapa». Qué cabrón el Ramiro. La piba nos sacaba a los tres una cabeza. No voy a describir sus piernas ni su culo y de sus tetas ya he hablado. Hay escritores que no pueden evitar decir piernas bien torneadas y pechos turgentes. Yo sí. Sirvió las copas con más elegancia todavía de la que había desplegado descolgando el teléfono. Me la imaginé de camarera en cualquier garito hasta que el tipejo que teníamos enfrente, que mediría un metro setenta, la rescató. Así que me imaginé a la tal Marisa manejándolo en la cama como si fuera su peluche, pero bueno, esa era su historia, no la mía, y yo siempre he tenido mucha imaginación. El que no echara hielo a los vasos demostró que la piba conocía su antiguo oficio.

El vaso pesaba tanto que casi se me cae. Era ancho y estaba tallado de forma muy barroca. Di un sorbito. ¡La hostia! Aquello estaba de puta madre. Claro, el nota no iba a tener en su despacho un whisky de saldo. Solo de destapar la botella, el despacho empezó a oler a bosque.

—Les atiendo —dijo después de estrecharnos las manos—, porque en esta empresa siempre estamos por la labor de negociar y evitar problemas, por leves que sean. Nuestra máxima es el diálogo y también la negociación.

El nota nos dio una chapa de mucho cuidado pintándonos a Feldix como una sucursal de los Reyes Magos y Papá Noel juntos, con tintes de Disneylandia y flecos de un samaritanismo para con las clases desfavorecidas que venía de lejos. Yo estaba flipando, con la charla y con el whisky. El tipo no había bebido y el Roberto y yo ya teníamos los vasos vacíos.

—¿Les apetece otra copa?

—No —dije. Y fue el «no» más costoso de toda mi vida. El Roberto me miró con una mala hostia mal disimulada, pero no era el momento de decirme «¿Por qué coño has dicho que no, capullo?».

El nota siguió con su brasa y nos habló de la Jessica y el Ramos, unos excelentes profesionales con quienes en realidad deberíamos haber hablado en vez de molestarnos en venir a hablar con él. Para mí que el que estaba molesto era él. El tipo continuó. Bla, bla, bla…, requeteblá, bla, bla, bla… Hasta que me dio el punto y le corté, que ya estaba bien, coño.

—Oiga, todo eso que dice está muy bien, y seguro que es verdad —mentí—. Pero si hemos venido hasta aquí es para negociar.

Yo sabía perfectamente el significado de negociar. Según la RAE era:

1. Tratar y comerciar, comprando y vendiendo o cambiando géneros, mercancías o valores para aumentar el caudal.

2. Tratar asuntos públicos o privados procurando su mejor logro.

3. Tratar por la vía diplomática, de potencia a potencia, un asunto, como un tratado de alianza, de comercio, etc.

4. Ajustar el traspaso, cesión o endoso de un vale, de un efecto o de una letra.

5. Descontar valores.

Lo había mirado en el móvil mientras el nota nos daba el charlón del siglo en plan vendedor de enciclopedias. En cuanto a la opción uno, nosotros no teníamos nada que comprar, cambiar o vender. Agarrándonos a un clavo ardiendo, la opción dos era la que mejor nos venía, porque, claro, la tres, eso de potencia a potencia, para nada. Potencia ellos, nosotros, unos desgraciaos. La cuatro y la cinco no las entendí muy bien, pero estaba claro que la cosa no iba con nosotros. El plan hacía aguas porque nosotros no teníamos nada que ofrecer a Feldix. Pero el Roberto lo intentó.

—Mire, señor Vadillo —hablaba el abogado—, mis clientes son en su mayoría gente mayor que no tiene dónde ir.

El Roberto le soltó el jodido discurso de la pobre gente que vivía en sus casas en el barrio toda la vida, que no iban a encontrar nada igual y que tenían sus vidas hechas allí. Roberto *picodeoro* y Zip y su imán para meterse en movidas, el amigo de los yonquis y los politoxicómanos, el abogado de pleitos pobres.

—Entiendo lo que dice, querido amigo —hacía mucho que no escuchaba eso de querido amigo—, pero es que esos pisos no son suyos. Sé que tienen contratos, pero esos contratos, con las actuales leyes, pueden dejar de tener vigencia en cualquier momento. Siendo usted abogado, debe de saberlo.

El Roberto lo sabía. Yo lo sabía. Todo el puto mundo lo sabía. Entonces, ¿qué coño hacíamos ahí? Pues pimplarnos un buen whisky. Mira que había sido gilipollas al negarme a que la Marisa nos sirviera otro par de copas.

—Lo sabemos, señor Vadillo, y así se lo he hecho saber a los vecinos. Pero esto no es una cuestión de legal o no legal. Es una cuestión de humanidad.

Y entonces el Roberto le endilgó un montón de frases sobre la gentrificación de los barrios, sobre la pérdida de identidad de las comunidades urbanas tradicionales, sobre la sustitución de los comercios usuales por franquicias y de la deforestación del alma intrínseca a esos barrios que se había desarrollado a lo largo de décadas a través del empeño de clases trabajadoras que ahora tenían derecho a un descanso merecido y no a la expulsión de sus casas. Hasta creo que cogió algunas frases de canciones jipis de Bob Dylan. Jooooooooder... Había que reconocer que el Roberto, cuando se ponía, era la hostia. Pero el pavo estaba preparado para eso y para más. Sonrió. Y de alguna manera detectó que nos tomaríamos otro whisky, que no podríamos decir que no una segunda vez y que con la segunda o la tercera copa podría largarnos de allí sin llamar a seguridad. Y acertó. La Marisa nos hizo otra *performance* que flipamos, regaló otra sonrisa al Ramiro y a nosotros nos miró con cinismo, la asquerosa.

El tipo paró al Roberto con una sonrisa y cambiando de tema oportunamente, para romperle el ritmo del discurso tan jodidamente bueno que había engarzado.

—¿Les gusta el whisky? Me lo traen de Japón. Si quieren, puedo hacer que les envíen unas botellas.

Qué hijo de puta, el nota.

—Verán, nuestros agentes, Ramos y de Castro —esta debía de ser la Jessica—, ya están negociando con los vecinos. Me ha sorprendido mucho que no hayan hablado con ellos y no me han dicho que hubiera un abogado. Si los he recibido es porque no nos cerramos a nada. Ya les he dicho que nuestra máxima es negociar y...

—Y comprar edificios, echar a los inquilinos y construir viviendas de lujo a precio de oro. —Obviamente el segundo whisky me había envalentonado.

—Hombre, yo no lo diría así. Miren, podemos llegar a un acuerdo. Algunos vecinos, pocos, pero eso irá cambiando, se lo digo por experiencia, ya han aceptado nuestras condiciones. Es lo mejor para ellos. De otra forma, se irían sin nada. Y por supuesto, también podría haber un beneficio económico para ustedes.

Había tardado más de lo que yo había pensado en proponernos un soborno. Cómo se lo montaban los notas.

—Un beneficio —continuó— que propiciara que ustedes convencieran a los vecinos de que lo mejor es que acepten nuestras condiciones.

—¿Y de cuánto estaríamos hablando? —pregunté.

—¿Ven, ven...?, ya nos vamos entendiendo. —Menudo hijo de puta el colega—. No habría problema por eso, todo es cuestión de negociar. Negociar...

—Ya, pero el caso es que no queremos negociar lo que usted propone —dije.

—Hemos venido para negociar otra cosa —dijo el Roberto.

—¿Y qué es lo que quieren, entonces? No entiendo.

—Queremos que no compren el edificio —Zip el magnífico—. Que se vayan a otro sitio, coño, que dejen en paz a esa pobre gente.

—Pero, hombre de Dios... —dijo con condescendencia, sonriendo como la hiena que era.

La sonrisa se le borró cuando encendí un cigarrillo.

—¡Oiga! ¡Aquí no se puede fumar!

—Hoy sí.

Decididamente, los chinchones y los whiskies empezaban a hacer efecto.

—Miren —dijo todo serio—. Les he recibido por...

—Sí, porque Feldix es la madre Teresa de Calcuta —dijo el Roberto.

Intuí que mi colega empezaba a estar tan hasta la polla de aquello como yo.

—Feldix va a comprar ese edificio, así como otros tantos en Madrid. —El Ramiro se había puesto definitivamente serio—. ¿Y saben por qué? Porque es nuestro negocio. He intentado ser razonable, pero ustedes han sido maleducados. Así que les ruego que abandonen este despacho y el edificio. De lo contrario me veré obligado a llamar a seguridad.

—No hace falta, gilipollas del culo —dije—. Sabemos el camino.

Nos fuimos sin despedirnos, terminando de hacer el vacío a los vasos.

—Adiós, putón —le dije a modo de despedida a la Marisa.

—Putos gañanes de mierda —respondió, corroborando lo que yo ya sabía, que no había ido ni a colegios de pago ni a colegios mayores.

La operación había sido un éxito, pero por los cojones.

13

Yo no sé hasta qué punto el Botas, el Julito y estos tenían expectativas de que nuestra reunión con el gerente de Feldix iba a dar resultado. Creo que en el fondo no tenían ninguna, pero la contrariedad cuando una situación te arrincona te empuja a hacer cosas. Si algo me había quedado claro de la reunión eran dos cuestiones. La primera era que Feldix iba a comprar el edificio sí o sí y no había forma de que dieran marcha atrás. Irían comprando o extorsionando a los vecinos hasta que el último de ellos saliera del edificio. No había nada que hacer. La segunda era que el Ramiro tenía un whisky de puta madre.

Por la tarde les explicábamos el transcurso de la reunión a estos en el tugurio del Julito, un tipo que no hacía mucho tiempo se había cargado a un madero de un batazo en la cabeza, allí mismo, en su bar. Bien era cierto que el madero amenazaba a todos con una pistola y de hecho se cargó al Perla, un tipo del barrio. Allí estaba también el Botas, el puto Botas, pionero en el asunto de atracos a bancos para quitarse el monazo cuando solo tenía dieciséis años. El Tijeras, que según decían se había cargado a un mafioso rumano o ruso junto a su colega el Lejía, que terminó pagando por ello con su vida. Y el Pirri, un tipo que se buscaba la vida de cualquier manera que no fuese legal: lo mismo robaba en un chino, que robaba un coche para un palo, que saqueaba una furgoneta de reparto de carne o de pescado. Vamos, todo un elenco de personajes, todos exyonquis, todos bastante desquiciados, todos bastante peligrosos, gente con huevos y sin nada que perder, una mezcla demasiado explosiva. Sin olvidarnos del Roberto, exabogado, alcohólico, sintecho y depresivo crónico. Y sin olvidarnos de mí, claro, Zip, el amigo de los yonquis, borracho irredento, excocainómano y plumilla frustrado. Un día escribí un libro sobre el Chule. Pero estaba claro que estos, juntos o por separado, tenían otro libro que en nada desmerecería la historia del Chule, eso estaba claro.

—Pues lo llevamos claro, troncos —dijo el Botas después de escuchar nuestro relato con esa voz de un antiguo sintierra, de un futuro sintecho, pero con un tono en segundo plano que no se debía subestimar—. Los vecinos seguimos hablando con los abogaos del sindicato y de la plataforma contra los desahucios, pero vamos, que lo tenemos muy negro, colegas.

—Si me quitan el bar los mato. —El Julito hablaba poco, pero cuando lo hacía acojonaba bastante.

—Algo se podrá hacer —comentó el Pirri.

—Sí, pero no por los medios legales. —El Tijeras parecía haber dado con la clave de algo que los demás desconocíamos.

—Explícate —el Botas con cara de «no pares ahora».

—Está claro que necesitamos un plan, como cuando dábamos un palo.

—¿Un plan? —El Botas, como todos, seguía flipando.

—Un plan, sí. Pero no un plan de mierda como cuando éramos yonquis. Necesitamos a alguien profesional. ¿Y quién es el nota que mejor planeaba los palos?

—El Banderines —dijo el Botas.

—¿El Bande? El Bande está en busca y captura —dijo el Pirri—. Además, desde el atraco al almacén de jamones, nadie lo ha visto, nadie sabe dónde está.

—Bueno, nadie, nadie… —El Tijeras puso cara de tipo interesante, como un jugador de mus al que le echan un órdago a juego y es mano con treinta y una—. Me juego lo que queráis a que el Charli lo sabe.

El Banderines y el Charli eran dos notas del barrio que juntaron una banda y atracaron un almacén de jamones ibéricos. Ya habían trabajado en otros asuntos antes. La cosa no salió del todo bien, sobre todo para el Charli, que acabó en el trullo. El Banderines escapó con su parte del botín y se rumoreaba que cuidaba todos los aspectos relacionaos con el Charli, su colega de toda la vida.

—El Charli está en el trullo, en Alcalá Meco. Y no creo que vaya a decirle a nadie dónde está el Bande. Ni de coña. —El Botas encendió un piti y cabeceó. Mala señal, porque eso significaba que empezaba a considerar la propuesta del Tijeras. Mala señal para nosotros, porque después nos miró al Roberto y a mí.

—Ah, no —dije—. Si esperáis que nosotros vayamos a ver al Charli…

—¿Por qué no? —el Botas con cara de liante—. ¿No conocéis al Charli?

—Sí, coño, pero…

—A ver, no os va a decir dónde está el Banderines, eso lo tengo claro. Pero vosotros tenéis labia. —Había que joderse con lo de la labia—. Vais el día de visita y le contáis al Charli lo que pasa, porque, además, ahora que caigo, una tía suya vive en el tercero. Es una mujer algo mayor que yo y tiene un hijo con síndrome de Down. Se trata de que con vuestro pico le convenzáis de que es una injusticia para el barrio que vengan estos mafiosos a echar a los vecinos de sus casas, y a su tía y a su primo, claro. Y de que necesitamos al Bande para que haga un plan para evitar que los de Feldix compren el edificio. Un plan como aquellos que hacía para dar los palos, pero que en este caso será para que los mafiosos estos se achanten y se vayan por donde han venido.

—Tronco, yo no lo veo —dije—. ¿Tú crees que el Bande se va a meter en un jari semejante por nada? Las veces que se la ha jugado ha sido por pasta. Pero aquí no hay nada.

—Hay una cosa: hacer justicia. Yo paré con el Bande y aunque era muy suyo tenía esa conciencia de ser del barrio.

—Además, es un superdotado —apuntó el Tije—. El Legía y yo también paramos con él un tiempo. Y era un buen pibe.

—Y no lo discuto —respondí—. Yo le perdí la pista, pero hizo la EGB conmigo, así que algo lo conozco, un nota de sobresalientes, vale. Pero lo que se sabe del Bande es que no se sabe nada, salvo que estará dándose la gran vidorra en cualquier lugar. ¿Por qué iba a venir aquí? ¿Y a hacer qué? Porque ya me contaréis qué coño puede hacer el Bande, por muy listo que sea, contra una multinacional que utiliza métodos mafiosos.

—Si quieres vamos a ver a ese Charli —dijo el Roberto—. Por hablar con él no perdemos nada.

Ya estaba liada. Después de tanto tiempo, el Roberto parecía que le volvía a coger el gustillo a esto de hacer gestiones. Si él quería, qué iba a hacer yo. ¿Decir que me negaba a participar en la movida? Habría quedado feo. Y, además, que yo era experto en meterme en líos.

—Claro, colegas —continuó diciendo el Botas—. Vosotros vais y habláis con él. Le contáis la peli y le decís que queréis hablar con el Bande. Y a ver qué dice.

—Pues yo me entero cómo va lo de las visitas y nos pasamos por allí. Bueno, si quiere el Zip.

—Qué remedio. Estáis locos, colegas. No sé qué esperáis.

—Lo mejor de esta vida es no esperar nada —el Botas en plan filósofo—. Y así, lo que llegue, sin esperártelo, te da un subidón de la puta hostia. Los vecinos, hasta ver si aparece o no el Bande, vamos a seguir por lo legal, dando por culo a esta peña. A lo mejor el Bande no viene. Pero, coño, hay que intentarlo. Ya nos vais contando.

A continuación, cambió de tema. Miró al Tijeras y le preguntó por su vieja y el cura.

—Pues los han interrogado y el juez los ha soltao con cargos. Yo estoy flipando. Creía que mi vieja era normal, un poco pesada, como todas las viejas, pero normal. Siempre me decía que no fumara, que no bebiera, que no me drogara, lo que viene siendo una vieja brasas. Y un día me entero de que está enrollada con el cura, que, ojo, con el tiempo me he coscao de que es un buen nota. Incluso me ha hecho favores. Pero ahora me entero de que pasan drogas, colegas, el puto flipe, ¿sabes? No heroína ni farlopa. Pasan pastillas, aunque la mayoría son viagras, trankimazines, orfidales y mierdas de esas, sobre todo para inmigrantes que no tienen acceso a recetas.

—Por lo que he escuchado, no creo que vayan a la cárcel —dijo el Roberto—. Multa, eso sí, pero en ningún caso más de dos años de cárcel. Así que no llegan a ingresar.

—Ojalá lleves razón, porque nunca habría esperado ir a ver a mi vieja al trullo. Al revés, sí, que ella me tuviera que ir a ver a mí.

El Roberto y yo, después de tomar unas cañas con estos, acabamos en el bar Soria cenando. Nos metimos dos filetes de emperador con patatas y una botella de Luis Cañas.

—Estos están un poco pa'llá —dijo el Roberto—, pero se les ve buena gente.

—Sí, hasta que les tocan los huevos. Entonces se convierten en hijoputas que van a morder al cuello y no lo sueltan. Yo no sé qué creen que puede hacer el Banderines. Otro que tal baila, ¿sabes? Es travesti el pavo, se hace llamar Nora.

—Ah..., que es gay.

—No, qué pollas. Es travelo, por no sé qué trauma de cuando era pequeño con su vieja. Se comenta que mató al viejo cuando era cani porque pegaba a la vieja y también a él, aunque son rumores. Pero al nota le gustan las tías. Vamos, que es hetero. Es solo que se viste de mujer, ¿te coscas? No marica ni nada de eso.

—Tiene que ser raro el tío, ¿no?

—¿Raro? Raro no. Lo siguiente. Pero es buen tío, del barrio. Por lo que yo sé, cuida del Charli desde fuera y su madre está o estaba, porque vete a saber si vive todavía en una residencia buena, muy bien atendida.

—Mañana llamaré a Alcalá Meco a ver cuándo podemos ir a ver al Charli. ¿Cómo es este hombre?

—Buen nota también. Pero todo lo contrario del Bande. Son colegas desde chinorris, uña y carne. Pero mientras que el Bande es alto, guapo y listo, el Charli es bajito, calvo, tripón y muy justito de mollera.

Terminamos la cena con un par de Johnnies Negros en copa de balón de estas tochas, sin hielo. Estaban cojonudos, pero habiendo tomado por la mañana el whisky del Ramiro, pues claro, no había color. Todavía nos compramos dos 1906 en el chino y nos las pimplamos en el parque de Canillejas, al lado del cementerio. No hacía mala noche. Había luna llena. Y yo no terminaba de ver claro el asunto del Bande, y menos a esas alturas de la noche, cuando el pedo empezaba a ser considerable.

14

Cuando llegamos a la parte de abajo de Canillejas, llevábamos dos copazos. El camino era largo y era, por tanto, cuestión de ir preparados. El Roberto pidió cita telemática. Como era martes, nos la dieron para esa misma semana. Se podían solicitar dos visitas semanales de veinte minutos o una de cuarenta, que es la que elegimos. Nos pillamos el bus hasta la estación de cercanías de San Fernando de Henares y allí el tren de cercanías hasta Alcalá Meco. Solo habíamos esperado tres días desde la reunión en lo del Julito hasta el día de visita al trullo. La prisión era feísima, como todas. Estaba rodeada de campo, con sus cardos borriqueros y otros hierbajos. Aparte de las vallas de alambrada había otra de hormigón que contenía la pintada C.P. MADRID - 2. En la estación de tren de San Fernando habíamos pillado dos botes de birra. Íbamos de visita, pero aun así daba impresión entrar y sentir cómo se iban cerrando puertas detrás de nosotros según avanzábamos una vez que cumplimos con el protocolo de entrada. Me trajo muchos recuerdos de cuando visitaba al Chule.

El Charli puso cara de póquer cuando me vio. Seguro que era la última persona que esperaba ver por allí, y menos para visitarle a él. Porque yo con el Charli tampoco había tenido tanta relación, salvo algunas conversaciones intranscendentes en el garito del Félix, que era como una franquicia a la que también podría pertenecer el tugurio del Julito. Y eso a pesar de que él había autorizado previamente nuestra visita. Pero una cosa era eso y otra vernos cara a cara.

Estaba sudado, como si hubiera estado jugando al fútbol o haciendo deporte. Tenía los cuatro pelos que le quedaban mojados, pegados desigualmente en la calva. Lo vi algo desmejorado desde la última vez, algo más delgado y con ojeras bajo sus ojos ovejunos.

—Qué pasa, tronco, ¿cómo lo llevas?

A tomar por culo, para qué iba a andarme con hostias. Éramos del barrio y hablábamos así.

—Bien, bien, tío. Ha sido una sorpresa que solicitarais la visita.

—Te cuento, Charli. Mira, este es el Roberto, que fue abogado del Chule. Te acuerdas del Chule, ¿no?

—Claro, tronco, el Chule. Qué putada lo del Chule. Y lo de la Marga y el Nico, joder, menuda desgracia.

—Encantado, Charli.

—Igualmente.

—Mira, Charli —le dije—, la verdad, hemos venido a verte, pero para decirte algo. Tú y yo no éramos tan colegas.

La verdad es que el Charli puso un careto raro porque que alguien viniera a verte a la cárcel para darte un mensaje no sonaba muy claro.

—Oye, tronco, no me acojones, ¿qué coño pasa?

—No pasa nada, Charli, nada de nada. Venimos de parte del Botas, sobre todo. ¿Te acuerdas del Botas?

—Sí, sí..., pero hace tela de tiempo que no lo veo.

—A mí me pasaba lo mismo, tronco, pero ha aparecido. Vive en el mismo edificio del bar del Julito.

—Sí, una tía mía vive ahí, con mi primo. Tiene síndrome de Down el pobre.

Le conté toda la película, lo del fondo buitre, lo de los vecinos, lo del sindicato... Hasta que el Roberto y yo habíamos ido a ver al gerente.

—En esta movida también están el Tijeras y el Pirri.

—Sí, el Pirri y el Tije, sí.

El Charli no era muy listo, pero no era tan tonto como para no preguntarse a esas alturas que por qué le estaba contando todo eso.

—Pero ¿qué película me estás contando, tronco?

—Termino. El caso es que, como por lo legal las cosas no se van a arreglar, el Botas y el Tijeras han pensado algo. Alguien tiene que hacer un plan para que estos hijoputas no compren el edificio.

—Ya, entiendo. Lo que no entiendo es qué tiene que ver esa peli conmigo, porque yo...

—Tronco, han pensado que la persona adecuada para trazar un plan es el Banderines.

El Charli puso los ojos en blanco.

—Pero nadie sabe dónde está el Bande. Así que hemos venido para ver si tú lo sabes, tío.

—El Bande es un tío muy listo.

—Lo sé, hice la EGB con él.

—Dimos el palo y nunca lo encontraron, ¿sabes? Pero está ahí fuera y cuida de mí. Lo hacía fuera y lo hace ahora que estoy dentro, ¿te coscas?

—Sí, está por ahí. Pero ¿dónde?

—No lo sé. Y tendrías que matarme para que te lo dijera si yo supiera dónde está. Es mi colega.

—Y le entendemos, señor Charli —yo ya creía que el Roberto se había quedado mudo—, pero lo que queremos es hablar con él para ver si puede ayudar a todas esas personas, entre ellas su tía y su primo. —Qué cabrón el Roberto—. No queremos que nos diga dónde está para hacerle daño.

—No le podríais hacer daño. Antes de que vosotros lo encontrarais, él habría desaparecido. O habría caído sobre vosotros para partiros el alma.

Jooooder... Parecía que la intervención del Roberto, lejos de convencer al Charli, había producido el efecto contrario. Y yo lo entendía. Porque era del barrio. Y porque en el barrio nadie sabe nada, nadie se chiva de nada, y mucho menos de un colega. Nadie delataba a nadie, ni a un conocido ni a un vecino, ni siquiera a un enemigo. Así que, buena pareja hacíamos el abogado y el periodista venidos a menos, incapaces de convencer al Ramiro, algo normal, pero también incapaces de convencer al Charli. Si es que yo lo sabía. El Botas decía que teníamos labia. Ya. Y ruina, mucha ruina. Y ganas ya, después de un ratazo hablando con el Charli, de tomar una birra o lo que fuese que llevara alcohol.

Lo intentamos un poco más, como para dar pena al Charli, pero también nos faltaban dotes dramáticas. Total que el Charli se cerró en banda y al final nos despedimos. Lo vimos alejarse, arrastrando los pies como si fuera un viejo, arrastrando pecados que había cometido y otros que seguramente no había consumado. Volver a atravesar las puertas que antes se habían cerrado a nuestro paso fue elevando, sin exagerar, mi estado de ánimo. Había mucha gente allí encerrada, más de lo recomendable. Había mucha gente en todas las cárceles de España, del mundo. Aquello era real, no una metáfora. Aquella visita cambió un poco mi visión de que mi propia vida era una cárcel en la que yo estaba encerrado. Aquella visita, como la visita al Ramiro, eran símbolos de derrota. Al menos, así lo veía yo en aquel momento, ya fuera de las cuatro paredes de hormigón, mirando los cardos borriqueros y toda la maleza que crecía sin control. Una vez más, mi estado de ánimo se veía influido por movidas que no tenían nada que ver conmigo. Lo mío no tenía remedio. Zip, el amigo de las causas imposibles, el abogado de pleitos pobres, el amigo de los tarados. Zip, el jodido periodista frustrado, el incorregible, el impenitente.

—Vaya éxito —le dije al Roberto, camino de la estación de cercanías.

—Pasa igual que con el Ramiro, tío. No teníamos nada con que negociar. Oye, ¿tú crees que por aquí habrá un chino?

—Me extrañaría, tronco.

—Jooooder. ¿Hasta San Fernando a palo seco?

—Ya te digo.

—Qué puta suerte...

15

El Botas se lo está currando, bro. Ha conseguido que nos dejen el salón de la Asociación de Vecinos para reunirnos y toda la pesca y la gente está animada, dentro del desánimo, claro, porque lo de que nos van a quitar la casa está ahí flotando, ¿sabes? Yo sigo mirando por internet y hasta me he hecho una base de datos con los bloques que compran estos cabrones. Empecé por Madrid y luego seguí con el resto de comunidades autónomas. No encontré ningún bloque en el que ganaran los vecinos. Como un fondo de esos se empeñe, colega, no hay remedio. Que sí, que te echan y te quedas en la calle. Pero vamos, que de esto yo no he dicho ni mu, que la peña se desmoraliza y no está el horno para bollos, ¿me entiendes? Es información para mí, y me entretengo con estas cosas.

Ayer, el Botas organizó un concierto en el bar del Julito. El cabrón toca bien la guitarra eléctrica. La recaudación iba para abogados y para comprar material, ya sabes, para pancartas, pinturas y eso. Hubo llenazo. Lo que pasa es que a mí esa música viejuna, no sé, colega, no me va mucho. Pero lo importante es que la gente se mueve y eso, no sé si me entiendes...

En la última reunión me partía la caja, bro, porque la peña ya está muy nerviosa. El Botas nos informó de las gestiones con las asociaciones que nos ayudan y nos dijo que había que tener paciencia. Pero a la basca no le sobra la paciencia. El Picana decía que le sacan de la keli con los pies por delante, pero que antes se lleva a dos o tres hijoputas con él, que tira de su faca de muelles, jajajaja... Qué jodío, el abuelo, bro. Su colega el Trepa, con su yonquilata de marca blanca, se partía el pecho.

—¡A mí y a mi familia no nos echan tampoco porque me los cargo y les rajo las tripas! —gritó José, el gitano del bajo A.

José era el patriarca de la familia Heredia, un tipo con patillas, desaliñado, barrigón y pelo ensortijado. Se dedica oficialmente a la chatarra y extraoficialmente a todo tipo de trapicheos que rayan con el delito. Hay gente del clan Heredia por todo Canillejas, San Blas, Vicálvaro y Vallecas. Tiene seis hijos, cuatro chicos y dos chicas que van desde los once a los veintiún años. No son gitanos de estos chungos, ¿sabes?, están adaptados, pero tampoco son payos del todo, una mezcla rara.

—Yo no tengo dónde ir —dijo mirando al suelo Jesús, el del bajo B.

Jesús es un abuelete de unos ochenta años, medio analfabeto, originario de Extremadura. Vive solo y pasea por el barrio con las manos en los bolsillos sin esperar nada de la vida, como casi todos los que vivimos aquí. Es tan introvertido como yo, y sin tener Asperger, bro, y se le ha empezado a ir un poco la cabeza, pero sigue haciendo su vida sencilla.

—¡Yo lo que no entiendo es loz que oz habeiz rilao, cohone! —dijo el Picana.

Los que se habían rilao, bro, como decía el Picana, eran la Begoña y el Zeki, del cuarto A. Son jóvenes, y cuando les ofrecieron los tres mil pavos les hicieron los ojos chiribitas. Ella es la nieta de los primeros que entraron a vivir al piso, que después pasó a sus padres, que ya murieron, y ella se quedó con el usufructo. Trabaja en una peluquería china cortando y arreglando el pelo. La piba también hace manicuras y lo que le mandan, ¿me entiendes? Le pagan muy poco y siempre le dicen que, si no está contenta, que ahí tiene la puerta, que tías como ella hay a patadas. El Zeki es su novio. No tiene oficio ni beneficio. Alguna vez ha ido a alguna entrevista de trabajo, pero es que con las pintas que lleva, colega... Lleva piercings en las orejas, en la nariz y en los labios y una melena de pelo fino grasiento que le cae hasta la mitad de la espalda por lo menos, ¿sabes?, con los lados rapados. Dice que es *youtuber* y creador de contenido el hijoputa, y cree que se va a hacer famoso, pero la verdad es que cada vez le va peor. Parasita a Begoña, el cabrón, y vive de ella, que no se cosca de la movida y que tiene fe en él. Piensa que cualquier día su chico se comerá el mundo. Y yo me descojono.

También van a tragar, seguro, Vicente y Angelita, del cuarto D. Lo acaban de decir después de que hablara el Picana. Los vejetes son de Cuenca. No pudieron tener hijos y adoptaron a un niño chino al que llamaron Paco, flipa, bro. De joven bebía y se ponía de drogas. Anda que no les dio guerra el puto chino, ¿sabes?, pero al final el chico cambió y estudió una efepé de informática y empezó a currar de profesor de taller en varios institis como profesor interino. Luego aprobó la oposición, el chino Paco, jajaja, es que me descojono, bro, y tiene puesto definitivo en el IES San Blas. Luego va el nota y se echa una novia china del barrio, la dueña de la peluquería en la que trabaja la Begoña. Las relaciones entre el cuarto D y el cuarto A no son buenas, claro. La Begoña cree que la china la explota y, además, ella y el Zeki, cuando se pasan con la bebida y los porros, ponen la música alta y traen al vecindario de cabeza, sobre todo a los del cuarto.

—Yo también voy a aceptar —dijo luego el Benito, del tercero D—. Tengo algo de dinero ahorrado y además mi novia tiene un piso grande. Así que me voy.

—¡Tú eres maricón, como todoz los droguerozǃ —dijo el Picana.

—¡Oye, tú, que no tienes dónde caerte muerto! ¡No te consiento...!

—Que no me conzientez tú qué, maricón, ¿ein?

—¡Eeeeehhhh...! Aquí venimos a hablar, no a insultarnos, cojones —dijo el Botas, poniendo paz. El Trepa se descojonaba, bro, que yo lo estaba flipando.

Benito fue dueño de la última droguería del barrio y ya está jubilado. Traspasó el negocio a unos chinos para que pusieran un bazar, algo normal en los tiempos que corren, bro. Es viudo y pasea por el barrio. A veces lo he visto por los parques echando migas de pan a las palomas, ¿sabes? Y otras veces lo he visto esperando el bus, el 28. La peña dice que va al Retiro a ver el estanque y las barcas. Dicen que tiene una amiga especial, pero nunca la ha traído por el barrio, así que yo qué quieres que te diga, colega, lo mismo es una amiga imaginaria, yo qué sé. Su único tema de conversación es la vida de hoy, que cómo ha cambiado todo, que adónde vamos a ir a parar, como todos los viejunos, bro.

—¡Bastante preocupada estoy yo con mi Manolito como para ahora ponerme a buscar otra cosa! ¿Con qué dinero? ¡Ay, ay, ay, Dios mío! ¿Por qué te has cebado tanto conmigo en la vida, eh? ¡Dímelo, dímelo! —dijo doña Virgi, y se echó a llorar.

—Maaaaama, maaaaama, no llores, maaaaama —dijo Manolito.

Menuda movida, bro, doña Virgi llorando a todo meter, ¿sabes? Y el hijo a punto de darle un ataque. La cogieron entre el Vicente y el Zeki y la consolaron. La primera vez que veía currar al vago del Zeki, jajaja... No, pero me dio pena, bro. Doña Virgi era viuda, tía del Charli, que está en el trullo, con su hijo Manolito, que tiene síndrome de Down. La pobre vive angustiada porque no sabe qué va a ser del chico, que ya pasa de los cuarenta tacos, bro, cuando ella muera. Un dramón.

—A mi mujer no le funcionan las piernas y lleva dos años sin poder bajar a la calle —dijo el Olegario, del cuarto C—. Lo he estado hablando con mi hijo y nos vamos a Cáceres a vivir con él. Tiene una casa grande.

Martina y Olegario tienen más de setenta, bro, y es verdad que ella no puede bajar y subir las escaleras porque tiene mal las piernas. Es él quien se encarga de la compra y de los recados. Soñaron con volver al pueblo cuando él se jubilara, pero no han podido, ¿sabes? Yo creo que no tienen pelas ni fuerzas, ¿me entiendes? Tuvieron una hija y un hijo que estudiaron carreras, y eso vale pasta, colega. Ella es profesora en Tenerife y él aprobó la oposición de la escala de oficiales de la Guardia Civil y está destinado en Cáceres. Ya es hora de que ahora los cuiden.

—Bueno —dijo el Botas—, cada cual es libre de hacer lo que quiera. Pero yo animo a todos a que defendamos lo nuestro. Mañana hay una manifestación en Lavapiés y he pensado que podemos ir a apoyarles. Feldix también quiere un edificio con vecinos allí. He hablado con los de la Asociación de Vecinos y nos subvencionarían un autobús. Así que quien quiera, mañana a las seis de la tarde todos en la puerta. Es muy importante que nos apoyemos entre nosotros.

Al día siguiente fuimos a Lavapiés, bro, peña de por lo menos treinta viviendas, incluidos el Picana y el Trepa con su guitarra, jajaja... Y vinieron también el gitano y sus hijos mayores. Vamos, que éramos gente. El edificio estaba lleno de pancartas, ¿sabes? Y la peña muy solidaria, gritando consignas y eso, bro. Y había pintadas que decían FUERA RENTISTAS o NUESTRA DIGNIDAD NO ESTÁ EN VENTA, ya sabes, cosas así. Y la peña trajo sillas para los más mayores, y botellas de agua y algunos se pillaron birras, todos muy hermanados y eso, todo dabuten.

Eso sí, había maderos por un tubo, pero no pasó na. Habló un nota del edificio y también habló el Botas, que dio un discurso guapo, ya te digo que sí, bro. Y luego hablaron gente de las asociaciones y luego pusieron canciones viejunas cuando terminó el acto, de Víctor Jara, me dijo una mujer mayor que llevaba una camiseta del PCE, y de otros que a mí no me suenan de na, pero que a los más mayores les gustaban. Después volvimos al barrio en el mismo bus, y cada uno a su keli. Yo me puse a ver *Shameless* en el Prime, bro. Es que me parto el culo con esa serie, jajaja...

16

Después de la visita al Charli en el trullo, los días transcurrieron de forma monótona. El hostal, bajo el mando de la Pili, no necesitaba de mi ayuda. El barrio estaba animado con lo del edificio. Al menos, la asociación contra los desahucios y el sindicato habían conseguido que los medios de comunicación prestaran la debida atención a la noticia. Y como el fondo buitre era de la familia Aguado y por tanto tenía un color político claro, los del otro color procuraban airear todo lo posible los chanchullos inmobiliarios del fondo. Ruido se iba haciendo. Ahora bien, no estaba claro que sirviera para algo, porque a mí me daba la impresión de que aquello era como meter un palo de madera en la rueda de un tren. Aunque, claro, en esa especie de guerra psicológica, todo valía. Los de los edificios de Tetuán y Lavapiés estaban haciendo cosas parecidas y ni el Botas, que se había erigido en una especie de portavoz, ni el resto de vecinos, descartaban una manifestación de todos los barrios juntos en el centro de Madrid.

Otra de las actividades fue un concierto solidario en el bar del Julito. El Botas, en su día, tuvo varios grupos y era un jodido hacha con la guitarra eléctrica. Así que habló con el Paco, el escritor del barrio, que le daba a la batería. El juntaletras trajo a su hermano Carlos, cantante de Miedo y 1001 TIRO, dos grupos que gozaban de cierto renombre. Uno de los sobrinos del Araña, que era bajista, completaba el grupo improvisado. Tocaron canciones roqueras, versiones de los ochenta de grupos españoles y algunos clásicos guiris. El llenazo fue tal, que el Julito tuvo que tirar de los sobrinos del Araña para que le ayudaran detrás de la barra. Y lo mejor de todo fue que hubo algunos periodistas que al día siguiente insertaron columnas en sus periódicos digitales. Lo que no quitó que al día siguiente aparecieran como si nada la Jessica y el Ramos, los tenaces representantes de Feldix, para seguir conversando con los vecinos de buen rollito. Era cierto que habían convencido a algunos con promesas en forma de cantidades económicas irrisorias y con el firme propósito de ayudarles a encontrar otros pisos de alquiler en el barrio o en otra zona. Feldix, para contrarrestar las campañas vecinales, empezó a aparecer en los medios dejando clara su solidaridad con los vecinos, que para ellos eran los primeros a tener en cuenta. Yo es que lo flipaba. Pero como esta clase de tipejos decían lo que decían con esas sonrisas beatíficas, ellos bien afeitados y peinados y ellas bien maquilladas y muy fotogénicas, los ciudadanos estaban dispuestos a creerse todo lo que decían por la tele y demás medios de comunicación. Vamos, que los malos parecían los vecinos que se aferraban a unos pisos que no eran suyos y que impedían el desarrollo hacia la modernidad de los barrios, una modernidad barnizada de franquicias y apartamentos de lujo que se abrían paso en el corazón de barrios obreros que ahora, eso sí, votaban a la derecha. Se ignoraban los motivos. Porque yo conocía a gente que disfrutaba de servicios estatales que votaban ultraderecha, es decir, a los que los querían quitar, ojo. El mundo al revés. O mi mundo al revés, que también podría ser, algo ligeramente distinto.

Hacía mucho tiempo que yo había dejado de intentar comprender el mundo. Es una forma de hablar. El mundo es muy grande. Yo incluso había dejado de intentar comprender lo que me rodeaba en un radio de medio kilómetro. A veces no entendía lo que pasaba a la vuelta de la esquina. ¿Vivía más feliz? Ni puta idea. Los noticiarios eran una colección de sucesos tétricos y media hora de deportes con futbolistas o pilotos de Fórmula 1 o de motos millonarios, es decir, deportes de élite que los medios habían conseguido que interesaran muchísimo a los obreros y a los parados, que difícilmente llegaban a fin de mes. A los jóvenes, que no tenían dónde caerse muertos, les interesaba mucho que a Nadal le pidieran un cincuenta por ciento de lo que ganaba para impuestos. Lo veían injusto. Eso sí, hacían cualquier cosa por suscribirse a todos esos canales de pago. Aunque hubiera que comprar aceite de girasol en vez de aceite de oliva. La gente se asomaba a los mostradores de carnicerías o pescaderías solo para contemplar de cerca las chuletas o las merluzas, como si fueran a un museo de esos gratuitos. Porque más de cerca no las iban a ver.

Después del concierto solidario, lo del Julito y el barrio volvieron a la normalidad. Los ecos en la prensa se fueron apagando al mismo tiempo que aumentaba la guerra psicológica de Feldix, que, a pesar de la perseverancia del Ramos y la Jessica, no consiguió que ningún vecino más diera su brazo a torcer.

—En realidad son cuatro las familias que han claudicado —dijo el Botas, que ya se había hecho cliente de lo del Julito—. Ayer estuve en la mani de Lavapiés. Vamos a crear una asociación los tres edificios, Tetuán, Lavapiés y nosotros. Los abogados del sindicato nos van explicando todo lo que se puede hacer.

Estábamos tomando un botijo él, el Roberto y yo. La tarde se había puesto plomiza como si se fuera a arrancar a llover en cualquier momento. Pero no llovió. Ya nunca llovía.

—Yo creo que, de veinte familias, dieciséis no vamos a ceder. Somos mayoría —continuó diciendo sin mucha convicción.

Yo no sabía qué decirle porque la cosa pintaba chunga. No es que el Botas fuera mi colega, que yo hacía años que no lo veía. Pero era el tipo que estaba a mi lado y con el Roberto en la misma mesa compartiendo un botijo del Mahou, y eso une, aunque solo sea un poco. Y el roce de todos esos días convulsos fue conformando una especie de espacio de camaradería con él y también con el Pirri y el Tijeras.

—¿Sabéis algo de cuándo van a dar el paso de comprar la finca? —pregunté.

—A ver, saber, saber, no. Pero me da que pronto, porque tampoco les interesa estirar esto en el tiempo, tronco, no beneficia a su imagen. Y porque cuanto antes lo compren, antes empezarán con las reformas para maquear las kelis y alquilarlas por mil y pico pavos. Ya se han hecho con el de Lavapiés, eso sí. El próximo sábado hay una mani en Cibeles para protestar delante del ayuntamiento. Van también los de los barrios de Tetuán y Lavapiés.

—¿A qué hora es?

—A las doce. He quedado con estos a las diez y media.

Estos eran el Pirri y el Tijeras.

—¿Te animas, tronco? —le pregunté al Roberto. Afirmó con la cabeza.

En ese momento entró el Pirri con la Lola, una especie de novia que tenía. Era puta y amiga íntima de la hermana del Pirri, la Conchi, que también era puta. Estos tenían una relación tela de rara. Ella venía cada cierto tiempo, se instalaba en casa del Pirri, le llenaba la nevera y su soledad, y después se marchaba. Nadie sabía si se iba al centro o a Londres, que todo podía ser. La

Lola abrazó a la Carmen, que tenía su predilección por el Pirri, que siempre la estaba vacilando. La pitonisa se alegraba mucho cada vez que venía la Lola porque así el Pirri no estaba solo. Porque «no es bueno que un hombre esté solo», solía decir.

El Pirri se acercó a nuestra mesa con ella y le presentó al Roberto. Al Botas le dio dos besos y a mí otros dos, porque nos conocía del barrio.

—Qué guapa estás —dijo el Botas—. ¿Cómo te va?

—Como siempre —contestó ella, tirando de sonrisa—. ¿Y tu Lola?

La mujer del Botas también era la Lola, otra Lola.

—Está bien, mosqueada con esto del fondo buitre.

—Ya me ha contado el Pirri la movida. Lo siento, colega. Tenéis que seguir luchando, ¿eh?

—En esas estamos.

—¿Y tú qué, Zip?

—Pues ya ves, como siempre.

—¿Sigues con el hostal, no?

—Sí, claro.

—Joder, tío, lo dices como si fuera una losa que te hubiera caído encima.

—No es eso, tía, es que ya sabes, soy un poco matao.

—Será ahora, porque en tus tiempos…

—Esos tiempos… pasaron a la historia.

—Pues vaya juerga tenéis aquí, anda que…

Después de tomarse unas birras con nosotros nos dijeron que se iban de cena romántica a La Despensa. ¿Cuánto estaría la Lola esta vez? Nadie podía decirlo. Lo que sí se podía decir era que el Pirri se quedaría otra vez con un palmo de narices. Hasta que la piba volviera a aparecer.

El Botas también se fue y el Roberto y yo nos fuimos a cenar, pero al bar Soria. Yo me comí unos filetes de cinta de lomo con patatas mientras que el Roberto pidió unos boquerones rebozados. Y la botella de Luis Cañas de reglamento, claro. En el telediario estaban dando noticias locales. Y Feldix estaba en el ojo del huracán. Ya habían comprado el edificio de Lavapiés y los vecinos estaban en pie de guerra. Habían montado un buen pollo por la mañana frente al edificio. Y el cabrón del Botas estaba allí, en la tele, al lado de un nota que sostenía un cartel de STOP A LA GENTRIFICACIÓN.

—Esto lo vamos a parar —decía—. Es injusto que quieran echarnos de nuestras casas. A mí, de mi casa en Canillejas, me sacan con los pies por delante.

El Botas, el puto Botas, un tipo que con quince años ya estaba enganchado a la heroína y que a los dieciséis se hacía estancos y farmacias cuchillo en mano haciendo un máster para más tarde hacer atracos a mano armada a bancos. Todos sus colegas muertos. Y ahí estaba, en la tele, reivindicando una justicia que la Justicia no podía ofrecerle. Se decía que probablemente el siguiente edificio en caer sería el de Tetuán y después el de Canillejas.

—Qué cabrón el Botas, tronco —le dije al Roberto.

—Hace bien. Lo que no pueden hacer es rendirse. La Justicia es una casa de putas, si yo te contara. Pero ahora hay muchas asociaciones, con servicios jurídicos, con subvenciones, son gente preparada. Muchos de los cabecillas luego se pasan a la política, ojo, que en muchos casos todas estas plataformas hacen de trampolín mediático.

—Trampolín mediático... Eres un poeta, Rober.

—Te lo digo en serio, tío. Si estuvieran solos te diría que no tienen ninguna posibilidad. Pero si se unen los tres, como nos ha dicho, y tienen detrás a esas asociaciones, lo de ninguna posibilidad se convierte en alguna posibilidad.

—Eso no es mucho.

—Menos da una piedra, colega. De momento, mira, no creo que haya alguien en España que no sepa ya lo que está pasando. De los que están atentos a los medios, claro, que hay peña que no se entera ni del NODO. Y al Botas ya verás, lo mismo le hacen alcalde, como a la Ada Colau.

El cabrón empezó a descojonarse. Pero no de la situación ni nada, era muy respetuoso con todos y con todo. Se descojonaba del pedo que llevaba. Y yo, por empatía, lo secundé. La botella de Luis Cañas estaba vacía. La miré con melancolía. Pagué la cena.

—¿Unas birras en el parque?

Vale.

A veces íbamos allí si hacía buen tiempo. Y era el caso porque hasta los almendros de la Quinta de los Molinos, que se habían convertido en una atracción turística, estaban florecidos. Tan confundidos como un obrero de derechas. Pillamos dos 1906 y nos sentamos en un banco, pero luego nos cambiamos, porque vimos al Tijeras fumando y pimplándose una yonquilata solo tres bancos más allá.

—Qué tal, tronco —dije.

—De puta pena, como siempre.

Nos sentamos.

—¿Cómo va lo de tu madre y el cura?

—No sabemos nada. Los soltaron y hasta ahora.

—Ahora la movida estará en periodo de instrucción —dijo el Roberto—. Depende del curro que tengan tardarán más o menos. Los llamarán a declarar y también a los testigos que consideren. Y cuando terminen, la movida quedará lista para un juicio que se celebrará cuando los gorrinos tengan alas. Yo que tú no me preocuparía mucho.

—Pero mi vieja no va a ir al trullo, ¿no?

—No. Mira, otra cosa es que les hubieran pillado con un alijo de farlopa o caballo. Pero por lo que has contado, no, nadie va a la cárcel por vender viagras y anfetas. ¿Qué años tienen?

—La vieja setenta y cinco y el cura andará por ahí.

—Lo dicho, ni de coña.

—¿Con cuántos años ya no se ingresa en el trullo?

—En España no hay una edad máxima para no ingresar. Pero con setenta tacos nadie va. Eso en el caso de que condenaran a tu vieja, que lo dudo. Pero si así fuera, con setenta años nadie entra. Se les da la condicional y listo. A ver, salvo que sea un nota que fuera por ahí matando niños, ¿me entiendes? Me refiero a delitos como el de tu madre.

—Eh, trons, ¿cómo lo lleváis?

Era el Paco, el escritor del barrio. Venía fumando, con una yonquilata roja en la mano.

—Ya ves, viendo las estrellas —le dije. Sonrió—. Oye, puta madre el concierto del otro día.

—Sonó bien, ¿eh? El Botas es una puta máquina con la guitarra. Habría llegado a la cima.

—Tú también le das a los palos —dijo el Tijeras.

—Bah, lo que se puede. Y mi hermano lleva mucho cantando, y el niñato del bajo, el sobrino del Araña, no veas. Os digo una cosa, en el barrio siempre ha habido mucho talento, pero unos nacen con estrella y otros nacemos estrellaos, tronco.

—Pero tú sacas algo con las novelas, tronco —comenté.

—¿Pasta? Qué va, tron. Ni el Botas vivió nunca de la guitarra ni yo vivo de mis novelas. Eso solo pasa en las pelis. Bueno, os dejo. Voy a echar la última donde el Suso, que mañana hay que currar.

Se alejó después de tirar la colilla al suelo. La apagó con la suela de la Converse. Y se fue, mirando alternativamente al suelo y a esas estrellas que sí eran estrellas, no como el Botas y él mismo, que podrían haberlo sido. Podrían. Pero no.

El parque estaba como cada noche, lleno de familias panchis, con sus neveras y sus hijos. A ellos todavía no les daba miedo tener hijos. A los españoles, sí. Ellos todavía creían que los hijos los iban a cuidar cuando ya no pudieran andar. Se equivocaban. Pero era bueno que tuvieran hijos. Alguien debía pagar las pensiones en el futuro. Aunque el futuro ya apestaba a distopía de la hostia.

17

Marisa avisó a Ramiro Vadillo de que José Fajardo había llegado.

—Hazlo pasar.

El tipo que se presentó frente al gerente de Feldix era alto y estaba muy bien proporcionado. Su figura olía a gimnasio y su cuerpo a un aroma de perfume caro. Vestía traje gris, corbata azul y zapatos negros. De su cara colgaba una media sonrisa que sostenía un pelo castaño rapado al dos o al tres. Todo en él inspiraba confianza que se acrecentaba cuando te estrechaba la mano mirándote a los ojos como si fuera tu mejor amigo. José Fajardo era publicista.

—Buenos días, don Ramiro. Encantado de conocerle.

—Igualmente, don José. ¿Le apetece una copa?

—No, gracias. No bebo.

—¿Café, zumo de naranja?

—Se lo agradezco, pero estoy bien así.

—Como quiera.

Y a partir de ahí, Ramiro empezó a contarle lo que querían, que no era otra cosa que construir un relato en los medios que definieran a los vecinos como gente mala, salvajes que estaban en contra del progreso que Feldix quería llevar a los barrios. Y que habían pensado en él como publicista para que creara una campaña.

—Entiendo —dijo el publicista—. Pues si lo que quieren es lo que me ha contado, han hecho una buena elección conmigo. A mí lo que me gusta es la estrategia y me gusta que venga un banco, una energética o un fondo de inversión, como en este caso, y me pregunte: «¿Qué puedo hacer para que no me odien?». Porque, en el fondo, lo que me está pidiendo es eso. Y ahí es donde interviene la propaganda que yo diseño.

—Lo sé. Sus trabajos anteriores lo avalan.

Ramiro entonces empezó a desarrollar pormenorizadamente su idea, lo que querían realmente hacer, con todo lujo de detalles.

—Nos gustaría que nos presentara un proyecto y un presupuesto, claro.

—¿Qué plazo tendría?

—Desgraciadamente queremos empezar la campaña ya, el tiempo se nos ha echado encima.

—Eso incrementa la factura, espero que se haga cargo.

—Lo entiendo. No es que no nos importe el dinero, pero estamos dispuestos a considerar su oferta.

—De acuerdo.

—Otra cosa, hemos contratado a un par de guionistas que ya están trabajando en la construcción del relato. Me gustaría que se conocieran y que, llegado el caso, contrastaran ideas. ¿Algún inconveniente?

—Ninguno, normalmente trabajo solo, pero confrontar ideas entre profesionales que son casi del mismo gremio no es malo.

—Muy bien. Marisa —dijo el gerente al intercomunicador—, ¿han llegado ya los guionistas?

—Sí, señor Vadillo.

—Hazlos pasar, por favor.

Los guionistas entraron en el despacho y, antes de tomar asiento, saludaron a José Fajardo. El publicista hizo lo propio. Ramiro los presentó y explicó ya ante todos la idea, otra vez, y el deseo de la empresa de que publicista y guionistas trabajaran juntos. Ramiro preguntó a uno de los guionistas, el más sonriente, por la idea que le habían propuesto el día anterior.

—Es una herramienta que se puede usar. Esos tipos van a la manifestación, la lían a base de bien y obligan a la Policía a intervenir.

—Y al día siguiente, en los medios de comunicación, previo acuerdo con ellos, lo que se publica y se dice es que los vecinos de esos barrios periféricos se liaron a mamporrazos con la Policía. Pasan de ser víctimas a ser poco más o menos que terroristas —apostilló el otro, menos risueño.

Julián Fanjul y Rosendo Obrinteschi eran guionistas de cine y de series de televisión. Ramiro Vadillo los había puesto en nómina para generar ideas sobre cómo conducir el relato de la compra de edificios ante la opinión pública. Aparte de hacer guiones, estaban triunfando en el mundillo literario. Bajo el pseudónimo de Vanessa Verdel escribían novelas de una policía psicópata muy inteligente, pero que era capaz de hablar y actuar como un estibador borracho en una taberna de los bajos fondos.

—Le he mandado un mensaje al móvil —dijo decidido—. Es la web de la empresa de la que hemos hablado. Se dedican a montar broncas, a desocupar pisos, a dar palizas y a cualquier asunto turbio por dinero, sobre todo si tienen que hacer la puñeta a gente de izquierdas. No hace falta que le diga que son de ultraderecha.

—La web parece de una empresa que se dedicara a cobro de morosos —dijo Vadillo, mirando su móvil.

—Es la tapadera. Como comprenderá, no van a poner en la web a lo que se dedican realmente.

El comentario lo hizo el otro guionista mientras Ramiro Vadillo asentía con rictus malicioso.

—Está bien, hablaré con ellos. ¿Algo más?

—No. Esta noche le enviaremos un correo electrónico con más ideas sobre los pasos a seguir en el relato —dijo contento—. Cualquier cosa, ya sabe.

—No os preocupéis. Os haré ganaros el sueldo.

El publicista y los guionistas intercambiaron teléfonos.

—Daré órdenes para que puedan trabajar aquí, si quieren, cuando se reúnan o se junten. Les prepararemos una sala con ordenadores, audiovisuales y todo lo que necesiten. No se olvide de lo que hemos hablado —le dijo al publicista—. Proyecto y presupuesto.

—Descuide. Un placer. Caballeros...

Los tres abandonaron el despacho del gerente de Feldix. Marisa, la secretaria, les mostró una agradable sonrisa de despedida. Ramiro Vadillo no tardó ni diez minutos en cerrar un acuerdo con Manuel García, alias *Tocho*, conocido neonazi que desde muy joven se había relacionado con grupos de skins y ultras seguidores de equipos de fútbol y que ahora era el empresario que proporcionaba todo tipo de servicios violentos.

A la mañana siguiente, después de que los cachorros de García aparecieran en la manifestación de Cibeles, el eficiente gerente ya había hablado con los principales directores de periódicos que Feldix patrocinaba con anuncios y con sobornos, así como con los productores de informativos de radio y televisión.

La noticia de que los vecinos eran unos salvajes salió primero en las ediciones digitales de los periódicos y al día siguiente en las impresas. Los medios de comunicación audiovisual se ocuparon desde el minuto uno de desprestigiar a los vecinos, tildándoles de vándalos y de okupas que querían impedir el proceso de modernización de los barrios que empresas como Feldix estaban llevando a cabo, sustituyendo a obreros y parados por médicos, profesores y turistas.

Borja María Aguado felicitó personalmente a su gerente cuando este le contó que lo que estaba ocurriendo no era algo aleatorio o azaroso, sino que él lo había planeado.

—Me ha dicho mi hijo que le has dicho que mañana querías hablar con él. Bien hecho, que vaya aprendiendo todo eso que no le han enseñado en la universidad.

—Descuida. El chico tiene madera.

—Sí, pero el chico ya es un hombre.

El empresario no había tenido un hijo, había tenido un proyecto. Un proyecto vital, eso sí, encarnado por su hijo, tan distinto a la hija. Parecía mentira que tuvieran los mismos padres. Abrió la ventana de su despacho de Torre Europa y encendió un cigarrillo. Después de exhalar el humo hacia la calle, vertió un generoso chorro de un exquisito whisky sobre una copa y reflexionó sobre lo aventurado que era tener hijos. Le habían nacido sanos, pero ella era la oveja negra de la familia. Sin embargo, con el chico había tenido suerte. Era deportista, estudioso e inteligente.

Lanzó el cigarrillo por la ventana y trabajó una hora o así. Después abandonó el despacho y se dispuso a marcharse a casa, contento de ver las reacciones de la prensa respecto a los incidentes en la manifestación. En el coche, cambió de opinión. Decidió pasarse por el club. Total, no le hacía especial ilusión volver a casa, donde le esperaban dos mujeres bastante distintas a como le hubiera gustado que fueran su hija y su mujer.

18

La gente fue llegando a Cibeles en hordas. Las bocas de metro vomitaban personas de todas las edades. El Roberto y yo flipábamos. Era obvio que allí había más gente de la que cabía en los tres bloques de los tres barrios juntos. Así que la cosa pintaba bien. Poco a poco fueron llegando los medios de comunicación. No había solo gente de los colectivos antidesahucios o sindicatos de inquilinos. Había colectivos de jubilados, gente de los sindicatos de trabajadores, gente de la marea blanca y la marea verde y hasta peña del centro social ocupado de la Pera en Verso, que antes fueron de la Ingobernable. En primera fila estaba el Botas con la Lola. Y también, claro, el Pirri y su Lola, y su hermana la Conchi. El Tijeras nos acompañó. También pululaban por allí los vecinos, el Jero, el Picana y su colega el Trepa, la familia gitana casi al completo y el resto de abueletes, Así como el vago del Zeki, el novio de la Begoña, que ese día le tocaba trabajar. La china le había denegado el permiso. Fue difícil encontrar un chino en Cibeles, pero lo encontramos, y pillamos unas 1906 a dos pavos sesenta el bote, un puto robo de los cojones. Era el precio a pagar por celebrar una mani en Cibeles, pero claro, lo primero era lo primero.

Habían montado un escenario pequeño, con megafonía y toda la pesca. Tras media hora de lanzar consignas, el primero que habló fue el Botas, erigido ya en líder. Dio una charla guapa, sin ninguna pretenciosidad. Todo el mundo entendió lo que decía. Después hablaron varios representantes de diversos colectivos que animaban a levantar los puños, las pancartas y unos ánimos que estaban por los suelos. A lo último, una piba entonó por un megáfono «Bella ciao» en español y luego el «No nos moverán». Todos la siguieron con los cánticos. Conmovedor. Y la gente se envalentonó y empezaron a tirar huevos contra la fachada del antiguo Correos, que ahora era el Ayuntamiento. Y otros tipos con pintas sospechosas se liaron a tirar bengalas, quemar mobiliario urbano y lanzar trozos de hierro contra los maderos. Y los maderos, claro, empezaron a repartir, la peña echó a correr y a gritar y aquello se convirtió en un pifostio. Vi de lejos al Botas, junto a su Lola, hablando para las televisiones. Cerca de él cayó un bote de humo y cortaron. Me entró cierta nostalgia de mis tiempos de periodista cubriendo movidas. Cuando la cosa se puso fea agarré del brazo al Roberto y me lo llevé a la mediana del paseo del Prado, tampoco era cuestión de estar en primera línea y llevarnos un disgusto.

—La hostia, la que se ha montao.

—Sí —contesté—. Esto se veía venir. Me he fijado. Había peña con huevos. Pero una cosa es tirar huevos y otra cadenas, palos y bengalas. Había tíos jóvenes con cara de farloperos de gimnasio que se han mezclao para montarla. Gente de ultraderecha que aprovecha cualquier movida de estas para liarla.

—Qué pena.

—Sí.

En Atocha siempre hubo buenos bares por el tema de que la peña se bajaba en la estación de tren e iban a comer, a cenar o a privar. Ya no quedaban tantos, porque la gente, sobre todo los jóvenes, iban siendo más de putas hamburgueserías y putos Starbucks. Pero yo conocía alguno. Así que nos metimos en el Peláez a comer menú del día. A ver, ni era La Despensa ni tenían los vinos más adecuados. Pero para el caso nos valía. Pedimos dos de paella, que para la diabetes y la tensión nos venían de puta pena, pero un día era un día. De segundo nos trajeron croquetas de la casa y unos calamares que ni calamares ni na, eso era pota. Cien por cien. El vino..., bah, por ese precio los habíamos bebido mejores, pero comimos y bebimos mucho mejor que en Helsinki, eso seguro. Si nos bebimos dos botellas no fue porque aquello fuera la hostia, eso estaba claro.

Llegamos a Lavapiés dando tumbos después de tres paradas de copas en garitos. Y localizamos un parquecillo pequeño de estos con mierdas de perro y todo tipo de porquería esparcida por el suelo, así que nos sentamos en un banco. Encendí un cigarrillo.

—¿Qué hacemos? —le dije al Roberto.

—Lo que daría yo por estar en mi colchón ahora, tío.

—Coño, y yo en mi cama. Nos vamos a abrir, ¿no? Si nos quedamos aquí nos vamos a quedar sobaos y no es buena zona, te quitan todo lo que llevas. Y no nos vamos a enterar. Eso sí, yo no estoy para ir en metro. Así que un pelas y arreando.

Cogimos un taxi y ahí, sí, nos quedamos sobaos después de decirle al taxista la dirección del hostal. El menda la metió en el navegador. Para esto sí que molaba la modernidad. Me acuerdo hace años en que había que ir diciéndole al nota por dónde ir. Además, había que estar al loro para que no te diera un vueltón y te cobrara el doble, que había cada hijoputa que pa qué. Ahora era todo «gire a la derecha», «entre en la rotonda y coja la segunda salida, después entré en la rotonda». Que vale, que a veces se les iba la olla y había peña que había acabao en un pantano con el coche hundido, navegando en plan *yellow submarine*, pero, en general, aquello era la hostia.

Llegamos y me fumé un truja mirando por la ventana, como yonqui de mirar por las ventanas que era. No me crucé con ningún cliente. Todo dabuten. Me eché una siesta del quince.

Cuando desperté, tenía un par de llamadas al móvil del Pirri. Algo raro, porque normalmente no hablábamos mucho más allá de saludarnos en lo del Julito. También había un mensaje de guasap de estos de voz. Transcribo: Qué pasa, tron. Oye, que ha aparecido el Banderines. Llamó donde el Julito, que más o menos le explicó la movida, pero que luego llamó al Botas para que se lo explicara mejor. Se ve que el Charli se puso en contacto con él. No sé, han quedao mañana en lo del Julito, a las doce. Se va a hacer como una especie de reunión, ¿sabes? Y que dice que quiere que estéis tu colega el Roberto y tú. Ya me dices. Venga...

Yo no daba dos pavos por que apareciera el Banderines después de la visita al Charli, pero, mira por dónde, había dado señales de vida. El Roberto estaba echando un pitillo frente a la ventana de la cocina. La Pili estaba trasteando, colocando cosas y organizando papeles. Había una pila de cacharros sin fregar.

—Oye, Zip, se ha roto el lavavajillas.

—Pues vete al Corte Inglés y pillas otro, que vengan y lo instalen. Y que se lleven el viejo. Que yo recuerde, este está aquí desde que yo me hice cargo de esto. Ya ha hecho su servicio.

—Voy a mirar por la web a ver si puedo pedirlo por ahí y me ahorro el viaje.

—Como tú lo veas.

La que mandaba era la Pili. Si yo hubiera tenido que llevar el hostal, sencillamente, no habría hostal.

Abrí un par de birras y nos sentamos a la mesa de la cocina. Le conté al Roberto lo del Banderines y no se extrañó. A veces tenía una sangre fría pasmosa, o veía cosas que yo no veía. O no conocía lo suficiente al Banderines, yo qué sé. Por lo que yo sabía, el Bande siempre se había movido por dinero, y además tenía que haber una motivación, como lo de la residencia de su madre en el palo al almacén de jamones. ¿Qué sacaba con meterse en esta movida? A veces la vida era un misterio.

En lo del Julito la cosa estaba floja, como cada día a media tarde. No es que mucho después aquello fuese una fiesta, el garito era lo que era. El Tijeras miraba la televisión, el Julito manipulaba un cacharro utilizando un destornillador. Había dos borrachos solitarios y un desaliento crónico flotando por el ambiente aromatizado por el amoníaco, el desinfectante y un poso rancio que a saber de dónde procedía. El Tijeras se acercó hasta nuestra mesa.

—¿Se puede?

—Claro, tronco.

Se sentó y empezó a contarnos.

—Yo conocí un poco a este cabrón —dijo refiriéndose al Bande—. Al que más conoce es al Julito, que por lo visto curró con él en algunas movidas antes de abrir el bar, en el puto pleistoceno. También conoce al Botas, claro. Y te conoce a ti, del colegio. Quiere conocer al Roberto porque sabe que fue contigo a Feldix y al trullo a ver al Charli.

Y yo flipaba. Porque una cosa era dar un rulo hasta Orense a hablar con el gerente o darnos un garbeo hasta el trullo a hablar con el Charli y otra meternos directamente en el fregao que pudiera estar pensando el Banderines.

—¿Ha dicho lo que quiere hacer? —preguntó el Roberto.

—Por lo visto, no. El Botas dice que solo quería saber algunas cosas. No se sabe si va a venir para organizar algo o para decirnos que estamos colgaos.

—Oye, tío, dime, ¿cómo es en realidad ese Banderines, aparte de lo que me contaste de que es travelo y que mató a su viejo? ¿Por qué le llaman así?

—Le llaman así no porque vaya con banderas ni nada de eso. Cuando era joven se colgaba de la chupa banderitas de Inglaterra, pañuelos rollo punk y de los Sex Pistols... La verdad es que tantos colgajos parecían banderines y se le empezó a llamar así. En cuanto a lo otro, lo de cómo es y tal, no es fácil. En el cole era de sobresaliente y sin esforzarse. Corre el rumor de que una vez le hicieron una prueba, para ver el cociente intelectual que tenía, y le salió 180. ¿Tú sabes lo que es eso? Ni Einstein, colega. Por eso planificaba los atracos como nadie. Y otra cosa. El nota tiene una polla descomunal. Cuando íbamos a gimnasia y nos cambiábamos, todos nos quedábamos flipaos con semejante trasto. Se corrió la voz entre las pibas y todas querían verlo, tocarlo..., ya sabes. Ah, y tampoco nadie se pasaba con él. Hostia que daba, familia de luto, porque además era alto, fuerte y bastante guapo, rubio, ojos azules... A mí me parece que se daba un aire al David Bowie.

—Curioso entonces el tío.

—Sí, no es un tipo normal, para nada. Y se empezó a vestir de tía. Y ahí había que llamarle Nora.

—Como una cabra, ¿no?

—No te equivoques. Más cuerdo que tú y yo juntos. Eso sí, toda la inteligencia del mundo no evitó que cayera en la heroína, ojo. Pero al final se desenganchó. Él solo, a lo bruto. Y no se hizo alcohólico, como todos los notas del barrio que lograron salir. Bebe, pero no es como nosotros.

—Vaya personaje. Me están entrando ganas de conocerlo. Lo que no llego a entender es qué puede hacer él que no hagan los de esos colectivos con el Botas, los medios de comunicación y toda la pesca. A no ser...

Claro, el Roberto tampoco era tonto. Ninguno de los dos llegábamos al cerebro del Bande, pero tontos no éramos.

—Claro, a no ser que tire por la calle de en medio. Yo no sé qué va a hacer. Pero cuando el Tije pensó en el Bande para que hiciera un plan no estaba pensando en un plan legal, ¿te coscas? Para eso ya están el sindicato, los de los antidesahucios, el Botas, el colectivo y su puta madre, tronco. Si el Bande se mete por medio, habrá movida. Yo a lo que no dejo de darle vueltas es a la motivación que pueda tener el nota para meterse en jaris. Lo de la tía del Charli y su hijo con síndrome de Down..., no sé, me parece una excusa cogida por los pelos.

—Hombre, si son tan colegas...

—Colegas no, lo siguiente. Esos dos siempre estaban juntos, y eso que son como el agua y el aceite, tron.

—Si ha aparecido, es porque el Charli le ha llamado y le ha convencido, eso está claro. Si no, no habría venido. Tiene que haber algo más.

—Ni puta idea. Qué, ¿vamos al parque a echar una birra?

—Venga.

19

El Banderines entró en el antro del Julito como si el local fuera suyo, con esos andares aristocráticos que eran marca de la casa. El garito no tenía nada que ver. Habría entrado de la misma forma en el estadio Santiago Bernabéu o en el Palacio Real. El Bande provocaba ese efecto cuando lo veías llegar a un lugar. Al principio no lo reconocí. El tipo que yo recordaba era rubio, con ojos azules, estilizado y una personalidad arrolladora. El nota que ahora estaba saludando al Julito era moreno, con media melena arreglada y además tenía los ojos verdes. Se los vi cuando vino hasta mi mesa y me sonrió.

—Tú eres el capullo del Zip, ¿a que sí?

Tardé unos segundos en comprender que se había teñido el pelo y que llevaba lentillas. Y otros cuantos segundos en entender que iba disfrazado porque estaba en busca y captura. Me sorprendió mi propia agilidad mental, y eso que ya llevaba un par de copas de chinchón.

—Sí, el capullo del Zip o Zip el capullo. También me conocen como Zip el borracho o el amigo de los yonquis. ¿Cómo estás, cabrón?

—Bien, me defiendo.

—Roberto, el abogado del Chule —dije señalando al exabogado que me acompañaba con las copas.

—Encantado, tronco. Tú eres el que fuiste a la cárcel con el Zip a ver al Charli, ¿verdad?

—El mismo. Encantado.

El Banderines se dio la vuelta y se dirigió a la barra. El Julito lo acompañó hasta una estantería llena de botellas y latas de cerveza. La estantería era una puerta corredera. El Roberto y yo nos quedamos flipaos. Jamás se nos habría ocurrido pensar que detrás de ese anaquel tan cutre podría haber algo. El Bande se metió dentro y el Julito cerró, mirando hacia la puerta de entrada, como si fuera a llegar alguien que pudiera descubrir la puerta falsa.

—¿Has visto, tronco?

—Flipante —dijo el Roberto.

Al rato llegó el Pirri. Se pidió una copa y vino a sentarse con nosotros.

—¿No ha llegado el Bande?

—Está detrás de la estantería —dije.

—Ah, en el cuartucho.

—¿Tú sabías que ahí había una habitación?

—Sí. Pero porque yo paro aquí desde hace mucho tiempo. El Julito solo lo usa para reuniones, como la de hoy. Se ha utilizado para juntarse gente por un problema o para dar un palo, ¿sabes? Cosas ilegales, sobre todo. Y gente de confianza. El Tijeras y yo hemos estado ahí dentro un par de veces. Ya sabes.

—No, no sé. Pero da igual, no quiero saber.

—Mejor pa ti.

El Tijeras entró como lo había hecho el Pirri, como lo haría cualquier borracho. Primero fue a la barra para pedirse una copa. Después vino a la mesa.

—Dice el Julito que vamos.

El Julito abrió la puerta corredera y entramos. El cuarto no era muy grande. Consistía en cuatro paredes a las que habría venido bien una mano de pintura diez años atrás, una mesa con quemaduras de cigarrillo y algunas sillas. También había un extractor de humos, un viejo radiador y un ventilador. En el centro de la mesa había un cenicero metálico con publicidad de Cinzano. El Bande sonreía. Saludó al Pirri y al Tije.

—Me alegro de veros, colegas, aunque sea en esta movida tan jodidamente desagradable. Hablé con el Charli. No hace falta decir que estoy en busca y captura y que me la juego cada vez que me dejo ver. He estado investigando un poco. Tengo un colega, el Pestañas, que es primo del Charli. Decir que es informático sería un puto eufemismo de los cojones. En realidad, es un *hacker* que lo flipas. Se ha metido en sus ordenadores y en sus teléfonos.

—Conozco al Pestañas —dijo el Pirri. El Tije asintió.

—Vale —continuó el Bande—. El Pestañas se ha metido en los ordenadores de Feldix, así que ahora mismo tengo toda la información.

En ese momento llegó el Botas.

—Lo siento, colegas. No he calculao bien.

—Ven aquí, cabronazo —dijo el Bande.

Los dos viejos colegas se fundieron en un abrazo. El Bande se encendió un pitillo y el Pirri y yo hicimos lo propio. El Julito tomó nota de lo que queríamos y cerró la puerta tras de sí. Cada vez que lo hacía me daba la misma sensación que cuando cierran la puerta de un avión. Al menos de allí no íbamos a salir volando. Volvió a hacerlo cuando trajo las bebidas. Estos dos terminaron con los saludos y con los «¿cómo estás?», «¡qué bien te veo!» y demás formulismos. El Bande continuó, dejando claro de forma implícita que aquello no era una reunión de antiguos alumnos, ni siquiera de antiguos colegas, porque los tipos que había alrededor de aquella mesa eran unos hombres muy distintos a cómo eran algunas décadas atrás. Nos explicó muy seriamente que se la jugaba haciendo aquello que fuera que iba a hacer, pero que tenía sus motivos.

—El fondo buitre, porque eso es lo que es, compró el edificio de Lavapiés y ha comprado hace unos días el de Tetuán. Este está al caer. Hay que procurar que no lo compren porque, si lo hacen, luego será más difícil todo, por no decir imposible. He hablado con el Zosi por teléfono, sin darme a conocer. Ese chaval siempre fue un retrasado. El pobre se llevó hostias de pequeño por todos los lados. Sus padres, que tenían pasta, le dejaron un patrimonio que fundió. Solo le queda este edificio y su casa. Si no lo vende está jodido, porque tiene deudas de juego, precisamente con el gerente de Feldix, un cabrón que organiza timbas en las que se juegan mucha pasta. Le ha engañado, con vicio, ya sabéis, priva, drogas y putas. Cuando se ha querido dar cuenta, la única opción que le queda es vender el bloque al fondo buitre. Ahora, os digo que el chaval es tonto del culo. Aunque lo vendiera, se fundiría el dinero y acabaría viviendo debajo de un puente.

—Así es la vida —dijo el Pirri.

—¿Y cómo vamos a hacer? —preguntó el Botas al Bande.

—Pues tronco, está claro. Hay que amenazarlos.

—Perdona —dijo el Roberto. Todos lo miramos—. No dudo de que sabes de qué va el tema. El Zip me ha contado algunas cosas de ti. Pero no llego a ver cómo nosotros podemos amenazar a todo un fondo de inversión. ¿Nos has visto? Lo digo con todo el respeto, ¿eh? —apostilló, mirando a todos los que estábamos allí.

—No te subestimes, colega. Ni a los que estamos aquí. Podemos hacer lo que queramos, siempre que haya un plan, y para eso estoy yo aquí. No va a ser muy distinto de los planes que he hecho algunas veces para dar un palo. Pero, eso sí, será la primera vez que no sacaré ni un pavo.

El nota hipnotizaba. Estábamos deseando seguir escuchándolo, queríamos saber qué planes tenía y cómo entrábamos cada uno de nosotros en ellos para ejecutarlos. Zip, abogado de causas pobres, borracho incorregible y amigo de los perdedores. ¿Qué coño hacía yo allí metido en ese jari? Pues nada, alejarme de la vida tranquila que quería tener y que tenía: el hostal regentado por la Pili y la pasta cayéndome sin tener que hacer nada, solo pensar en qué gastarla. Y allí estaba el Banderines, el tipo de 180 de cociente intelectual, exyonqui, travesti, el tipo más raro del mundo, ¿diciéndonos que no iban a comprar el edificio porque una panda de mataos como los que estábamos allí bebiendo y fumando alrededor de la mesa se lo íbamos a impedir? ¿Estábamos locos o qué? Seguramente.

—El Pestañas me ha conseguido el correo electrónico personal de Borja María Aguado, de los Aguado de toda la vida, esa familia que se ha hecho millonaria creyendo que las instituciones públicas están para ordeñarlas y que han inventado todo tipo de artimañas para trasladar el dinero público hasta sus bolsillos, además de timar a incautos que han invertido en sus chanchullos. Son peores que los gánsteres. Le he mandado un par de *mails* en plan educado para persuadirle, para que no compre el edificio.

El Bande pegó un trago a su copa de whisky y encendió otro truja y nos evaluó con su mirada intensa del lobo que da a entender que como te muevas te ataca.

—Ten cuidado —dijo el Roberto—. Esos correos pueden rastrearse.

—Para eso tengo al Pestañas, que es quien manda los correos desde *ipés* que no existen o que están en Pakistán —sonrió—. A estas alturas, el pavo ya habrá llamado a la Policía, y los maderos, siempre al servicio de su familia y otras como la suya, ya habrán puesto a toda la jodida Brigada Central de Investigación Tecnológica a investigar esos correos.

—¿Te ha contestao? —preguntó el Botas.

—No. Ya contaba con ello. El tipo ni siquiera estará preocupado. Se cree demasiado importante como para que le importune cualquier mindundi. De momento, he sido educado. En el próximo no lo voy a ser tanto. Le voy a amenazar diciéndole que como compre el edificio le voy a hacer la vida imposible, que más vale que recule. Y como seguirá sin hacerme caso, entonces pasaremos a la acción.

—¿Cómo? —preguntó el Tijeras.

—Eso corre por mi cuenta —dijo el Bande—. No sé cuánto aguante tendrá el tipo. Lo mismo hay que hacer una acción o varias, depende. Y para eso cuento con vosotros. Yo hago los planes, pero no intervengo, salvo que sea necesario. Pero os doy toda la cobertura. De los que estáis aquí, el único afectado es el Botas. —Lo señaló y el otro asintió—. Los demás no tenéis nada que ver. Si estáis aquí es porque de alguna forma habéis intervenido en la movida. Ahora es el momento de que si alguien no quiere pasar a la siguiente fase o quiere echarse atrás que lo diga. Y tan colegas, ¿eh? Ah, otra cosa. Es posible que los maderos pasen por aquí haciendo preguntas. Al fin y al cabo, la amenaza al Borjamari es para que no compre este edificio. Es el primer lugar al que yo iría a investigar. No hace falta que os diga que yo no existo. Y vosotros no sabéis nada de correos ni de otras mierdas. ¿Estamos?

—Hombre, Bande, somos del barrio, tronco, y...

—Ya, sí, ya sé lo que me vas a decir. No quiero una declaración jurada, pero quiero escucharlo, de vuestras bocas. Me vale con un compromiso de que haréis lo que se os diga y de que no vais a decir a los maderos una mierda.

El Bande nos fue mirando uno a uno. Y uno a uno fuimos asintiendo, como hechizados por aquella mirada de ojos verdes que parecía soltar un fuego invisible pero que te quemaba por dentro. Cada uno aceptamos por distintas razones. El Botas porque le tenía cuenta, claro, y el resto porque estábamos chalados y porque, muy en el fondo, no nos gustaba eso de que viniera un fondo buitre al barrio e hiciera lo que le saliera del nabo con un edificio que albergaba la vida y los recuerdos de mogollón de familias. También teníamos claro que preferíamos el antro del Julito a un Starbucks o un garito de esos hípsters de cervezas de fresa.

El Bande dio la reunión por concluida. No había más que decir. El Botas manipuló su teléfono móvil y, al momento, el Julito abrió la falsa puerta corredera. Salimos al bar. El último en hacerlo fue el Bande. El Botas salió a la calle y se dio un garbeo para comprobar que no había moros en la costa mientras el Julito se apostaba en la puerta. Tras un par de minutos levantó el pulgar y el Banderines desapareció.

El Roberto y yo nos fuimos al parque y nos pillamos dos birras.

—¿Tú crees que Feldix se va a amilanar? —me preguntó.

—A ver, visto desde fuera, cualquiera diría que el Bande está loco. Pero no está loco. Lo del palo al almacén de jamones que dio lo demuestra. ¿A quién fue al que no pillaron y está disfrutando de la pasta del golpe?

—Ya. Pero una cosa es un palo, con las dificultades que tenga, que no se pueden negar. Y otra acojonar a una estructura empresarial de tipo mafioso. No es lo mismo.

—Pues a mí me da la impresión de que él lo ve como si fuera la misma movida. Lo que no sé es qué hacemos tú y yo metidos en este jari.

—La cosa se ha ido liando.

—Sí, y nosotros nos hemos dejado liar. Somos facilones. Y posiblemente gilipollas.

20

Ramiro Vadillo le estaba explicando a Borja María Aguado que el correo electrónico que había recibido era imposible de rastrear.

—Eso es imposible —dijo Cayetano Aguado—. Cualquier correo electrónico deja rastro.

—Pues este no. Ni siquiera la Policía ha sido capaz de determinar desde dónde se ha enviado ese correo y mucho menos la identidad del remitente. Van a seguir con ello, pero no me da la impresión de que vayan a llegar a ningún lado.

Se encontraban en la sede de Feldix, en Nuevos Ministerios, en el despacho del jefazo en persona. Este escuchaba a su hijo y al gerente. No dudaba de la cualificación de ninguno de los dos ni del respeto tendente a la adoración que le profesaban. A lo que no estaba acostumbrado era a que las cosas no fueran como él las había planeado.

—No has contestado el *mail*, ¿verdad?

—No, no lo he hecho. Quiero pensar que alguien de ese edificio se ha hecho con la dirección de mi correo electrónico. Alguno de los inquilinos, seguramente uno de los más jóvenes, alguien que sepa navegar por internet, alguien que ha pensado que escribirme y pedirme que no compre el edificio era una buena idea.

—Puede ser —contestó Ramiro—, pero permíteme que te diga una cosa. Si es como dices, ¿crees que tendría recursos para camuflar su identidad y la *ipé* desde donde salió el correo?

—Ramiro tiene razón, papá.

—Recursos o conocimientos. Hay muchos chalados de la informática, tipos que cuando los ves por la calle dan ganas de darles una limosna y luego tienen en su habitación varias torres de discos duros conectadas entre sí. No sabrían ir al centro porque se perderían en el metro, pero serían muy capaces de meterse en la NASA o en la CIA. De momento, no voy a hacer nada. Seguramente, al ver que no recibe respuesta no insistirá más. O tal vez vuelva a escribir un par de veces y después se aburra, qué sé yo.

—Desde luego, hay que ser ingenuo para pensar que por un correo electrónico no vamos a comprar un edificio —dijo Cayetano.

—Un poco idiota, diría yo —recalcó el padre.

—De todas formas, si te vuelve a escribir me lo dices. Yo hablaré con la Policía de nuevo —dijo el gerente.

—Me llamaron anoche. Por deferencia a mí, me tomaron declaración telefónica.

—¿Algo que debamos saber?

—No, yo creo que son cuestiones de procedimiento.

Borja María Aguado atendió a una llamada que le pasó su secretaria. Cayetano y Ramiro aprovecharon para mirar sus teléfonos móviles e interactuar con ellos. El día era soleado. Daba la impresión, por la luz y el calor, de que era una mañana de verano, solo que no era verano. El despacho, debidamente reformado, podría haber albergado a tres familias con niños y aún sobraría espacio para un jardín con barbacoa y piscina. Tras el sillón del mandamás había una cristalera que dejaba ver la vida como si fuera una película. Las paredes estaban forradas con cuadros de arte contemporáneo, sobre todo, y algunos muebles más propios de una biblioteca que de un despacho. La mesa era ovalada, de cuatro por uno y medio aproximadamente, y las sillas habían sido fabricadas para dar la sensación de lujo, papel que cumplían a la perfección.

—Eran los de ese grupo inmobiliario que quieren hacer negocios con nosotros. No logro hacerles comprender que ya tenemos nuestra propia división inmobiliaria.

—¿Quieres que haga algo al respecto? —preguntó el gerente.

—Sí, envía a alguien. Que se asegure de que no llamen más.

—Dalo por hecho. Por cierto, lo del edificio de Canillejas...

—¿Sí?

—Pues que los vecinos van aceptando irse, pero no con la rapidez que esperábamos.

—¿Eso qué significa?

—Pues que son más duros que los otros. Están haciendo mucho ruido en los medios a través de manifestaciones. Los entrevistan, salen por la televisión y en los periódicos.

—¿Has puesto en marcha lo que te dije?

—Sí, claro. Asesorados por esos guionistas y el publicista que contratamos, los periodistas de medios afines están fabricando el relato que nos interesa.

—Pues que sigan. Esto es una guerra que vamos a ganar nosotros.

—Por supuesto. Hace un rato se lo comentaba a Cayetano. Él lo ve como nosotros.

El hijo confirmó lo que acababa de decir Ramiro.

—Es una cuestión de tiempo —añadió—. No solo hay que crear el relato, sino repetirlo muchas veces, para que vaya calando poco a poco en la gente.

—Al final la gente los verá como unos tipejos de los bajos fondos que quieren impedir el progreso. Haremos que vean que la transformación del barrio es progreso, que es lo que conviene a todos.

—Así será, papá. Si no ordenas otra cosa, tengo mucho trabajo.

—No, de momento nada más. Ve a hacer lo que tengas que hacer.

El hijo abandonó el despacho y el padre miró al gerente.

—¿Cómo va?

—Es un buen chico, trabajador e inteligente. Dentro de él hay un tiburón, tenlo por seguro.

—Sí. Yo también lo creo.

—Otra cosa.

—¿Sí?

—El tipo del que te hablé, ¿recuerdas?

—¿Qué tipo?

—El de los contratos.

Borja María hizo memoria y al cabo de unos segundos cayó en la cuenta.

—Sí, el de los contratos. ¿Qué ha pasado con eso?

—Habíamos quedado con él hoy.

—¿Hoy? Disculpa, tengo demasiadas cosas en la cabeza. ¿A qué hora?

—El tipo espera en la antesala de mi despacho.

Borja María resopló y se masajeó las sienes. Después se levantó y fue hasta el mueble bar. Se sirvió un whisky y ofreció a Ramiro, pero este negó con la cabeza.

—Dile a Marisa que lo traiga hasta aquí.

Tras cinco minutos, la secretaria del gerente se presentó y anunció a un hombre de mediana estatura que vestía con traje azul. Era calvo, aunque con pelo a los lados que estaban rapados al uno por lo menos. Llevaba gafas de sol y la barriga le rebosaba por encima del pantalón.

Daba la impresión de ser un asesor inmobiliario de una sucursal de barrio de las afueras, pero también podía ser un sicario de una película de Torrente.

—Señores... —dijo a modo de saludo.

—Siéntese, siéntese —dijo Ramiro.

—¿Su nombre? —preguntó Borja María.

El dueño de Feldix era experto, a base de experiencia, en crear un perfil rápido de la persona que tenía delante. El tipo no le dio buena impresión.

—Llámenme Iker. En el negocio en el que yo estoy no es conveniente saber muchas identidades.

—¿Tengo que asustarme?

—Oh, no, no, por favor. Pero lo que le digo es cierto, créame. Es por seguridad. Entiendo que es usted don Borja María Aguado.

—El mismo. Mi gerente me ha contado algo muy por encima. He decidido recibirle por su insistencia y porque me ha dicho que hablar podía ser beneficioso para ambos.

—Desde luego. Empezaré por decirle que soy abogado y que represento a un grupo de clientes con poder para otorgar contratos públicos.

—Contratos públicos, dice...

—Exactamente. Mis clientes están en contacto con asesores de ministerios y de consejerías. Digamos que ellos están en disposición de influir en los políticos que asesoran para que otorguen contratos a determinadas empresas. Desde una partida de trajes para el Ejército, a la construcción de un pabellón deportivo, pasando por la licencia para abrir colegios concertados u hospitales de gestión privada, ¿me entiende?

—Perfectamente. Comisiones.

—Exactamente, señor Aguado. Además, todo legal. Llegado el momento se lanza el concurso público para la adjudicación. Mis clientes acceden a las propuestas atendiendo a los pliegos de condiciones y entonces adjudican el contrato a la empresa elegida por nosotros, que presenta un proyecto más barato. Después los presupuestos se inflan aprovechando los recovecos de las propias condiciones y todos ganamos. ¿Comprende?

—Demasiado bien. Pero ¿quién me dice que no es usted un timador?

—Comprendo. Mire, como prueba de buena voluntad le he traído un contrato para construir un parque en las cercanías de la Casa de Campo con aparatos para hacer gimnasia en la calle, con circuito para bicis y senderismo, árboles, parterres, césped y un par de fuentes automatizadas. Si lo quiere, es suyo. Sin ningún pago de comisiones. Solo para que nos conozca y vea usted que somos profesionales.

—Vaya, un regalo de bienvenida. ¿Y por qué yo?

—Señor Aguado, mis clientes saben quién es usted. Todo el mundo sabe de sobra de su poder, de su solvencia y de su profesionalidad. Hágame caso. Hay otros empresarios que trabajan con nosotros y que obtienen pingües beneficios con las operaciones que les proporcionamos.

—Está bien. Déjenos ese contrato. Mis técnicos lo estudiarán y, si vemos posibilidades, el señor Vadillo se pondrá en contacto con usted. Perdone, no le he ofrecido nada de beber.

—Ne se preocupe, señor Aguado, estoy bien así. Les dejo.

Sonrió al darles la mano para despedirse. Borja María observó que tenía una dentadura blanquísima, completa, impoluta, un detalle importante. Nunca confiaba en un tipo al que le faltaran una o varias piezas.

—¿Qué piensas?

—No sé qué decirte —dijo el gerente, abriendo los brazos con las palmas de las manos mirando hacia arriba—. No es la primera vez que tratamos con intermediarios de estos. Creo que deberíamos estudiar la oferta. Déjame que pregunte por ahí. Seguramente hay amigos nuestros que conocen al tipo.

—Hazlo.

21

Dos días después de la reunión, recibí un mensaje del Pirri. El Banderines volvía a citarnos. Yo estaba fumando un cigarro en el balcón y daba cuenta de mi copazo mañanero de whisky. El Roberto y yo habíamos seguido con nuestras rutinas de vagos borrachuzos. El Botas seguía dando caña con el sindicato, las otras organizaciones y los medios de comunicación, y los inquilinos seguían reuniéndose en la Asociación de Vecinos asesorados por las organizaciones antidesahucios y el sindicato. Todos menos el Julito, que no dejaba el bar ni a tiros. La prensa y los medios, unos más que otros, claro, daban cierta cobertura al problema de los fondos buitres que compraban viejos edificios para desahuciar a los vecinos y hacer apartamentos de lujo destinados a nuevos ricos o pisos turísticos ilegales con los que se ganaba una pasta gansa mientras el Ayuntamiento miraba para otro lado. Los sociólogos hablaban en monográficos y en tertulias exponiendo el problema que suponía la trasformación de los barrios, la consecuente pérdida de raíces y la desaparición del arraigo vecinal. Los fondos buitres, además, estaban detrás de la transformación de locales comerciales en viviendas, siempre con la complicidad del Ayuntamiento. De esta forma eliminaban el comercio de proximidad y la vida cotidiana de los barrios. Otros sociólogos y otros medios, a nómina de los fondos buitres, decían todo lo contrario.

El Bande llegó al bareto como la última vez, como el señor que llega a sus dominios, como si una legión de criados tuvieran que dar vueltas a su alrededor. Solo que allí no había criados. Allí lo que había era una panda de mataos que ya habían vivido más de lo que les quedaba para palmarla: nosotros.

Ocupamos el cuartucho del extractor de humos y comenzamos a ensuciar con ceniza el cenicero de Cinzano. El Julito trajo de beber.

—Como os dije, este cabrón cree que es intocable. Le he mandado un correo diciéndole que lo siguiente va a ser una prueba de que voy en serio. Así que vamos a hacer la primera acción.

El Bande hizo una pausa dramática, seguramente estudiada. Dio un trago y encendió un truja. Continuó.

—El pavo tiene un Lexus de esos que flipas. Un cochazo que vale una pasta gansa. Se lo vamos a quemar.

Nadie dijo nada. Mirábamos al Banderines como si fuera un puto oráculo friki de los huevos. Una de dos, o estaba pirado o sabía muy bien lo que estaba diciendo.

—Necesitamos una garrafa de gasolina, una maza y una pistola táser. Además, quiero hacerlo en el corazón de su empresa, en el parking, para que vea que podemos entrar en su mundo y golpearlo. ¿Os coscáis?

Todos asentimos en mayor o menor medida. Nadie dijo nada. El Bande continuó explicándonos que sabía la matrícula y el modelo del carro, que sabía los horarios del tipejo y el número de la plaza de garaje.

—Hacen falta dos personas por lo menos. Hay un vigilante en la entrada del parking. Está en una garita. Hay que hacerle salir. Mientras uno lo distrae, el otro le enchufa con la táser. En la garita tiene la llave de la puerta de peatones y también mandos para abrir la puerta de coches. El resto es entrar, romper un par de cristales con la maza, rociar el coche por dentro y por fuera con gasolina, prenderle fuego y salir de najas. ¿Cómo lo veis?

Hubo un silencio forzado por lo que acabábamos de escuchar que fue interrumpido por el Tijeras.

—Hemos hecho cosas más difíciles en el pasado.

—Yo he pensado una cosa —continuó el Bande—. Un coche robado. ¿Es posible?

—Hay tipos que me pagan a veces por robar coches para palos —dijo el Pirri.

—Bien. Llegáis con el coche a la garita. Y os inventáis cualquier cosa, que no os abre el mando o que se os ha calado el coche, qué sé yo. El caso es que el tipo salga. Es un vigilante, así que lleva porra, pero no pipa, por ese lado tranquis. Y cuando lo tengáis a tiro le enchufáis con la táser. El resto sería entrar y quemar el carro del Borjamari. Al loro, hay cámaras. Imprescindible llevar sudadera con capucha y gafas de sol. Y yo que vosotros llevaría mascarillas. Ya no es habitual llevarlas, pero no es raro. Después salís najando.

—¿Al garaje se entra con el coche robado o a pata? —preguntó el Pirri.

—Yo entraría con el coche. Aquí se trata de ser rápidos. El coche está en el sótano dos. Es más rápido si entráis con el coche, quemáis el buga y os dais la pira. Luego dejáis el carro por allí y listo. ¿Te crees capaz, Botas?

—Yo soy capaz de cualquier cosa por proteger a mi familia.

—Pues si el Pirri se hace con el coche, tenemos comando. Maza y táser. —Los extrajo de una bolsa de deportes que había traído—. Pensad todo bien. Os paso horarios, matrícula del coche y modelo y número de la plaza de garaje. Está todo aquí. —Les pasó una hoja en una funda de plástico que sacó también de la bolsa.

—¿Cuándo lo hacemos? —preguntó el Botas.

—Ayer —dijo el Banderines—. Es broma. Lo que quiero decir es que cuanto antes, porque estos cabrones están a punto de comprar el edificio. Lo que queremos es que se echen para atrás. Ah, y los móviles los dejáis en casa, ¿vale? Encendidos. No quiero que si los maderos llegan a sospechar os rastreen. ¿Estamos?

—Vale. Por mí, lo hacemos mañana —dijo el Pirri. El Botas asintió.

—Pues no se hable más —dijo el Banderines.

Manipuló su teléfono móvil y el Julito abrió la puerta. Todo transcurrió de la misma forma que la última vez. El Banderines volvió a esfumarse como un fantasma.

A la mañana siguiente, el Botas se fue con su propio coche hasta una gasolinera de la calle Alcalá, cerca de Ventas, alejada del barrio. Aparcó en una manzana cercana y se acercó con una garrafa de plástico vacía con la boca lo suficientemente ancha. Le explicó al gasolinero que el coche le había dejado tirado a un par de kilómetros de allí. Un clásico. Llenó la garrafa de gasolina, pagó y se marchó pertrechado con su capucha, gafas de sol y mascarilla.

A la misma hora, más o menos, el Pirri, con las mismas pintas que el Botas, estaba al acecho en el aparcamiento de la estación de cercanías de San Fernando de Henares. Mucha gente acudía allí con su coche, aparcaba y luego cogía el tren hasta su lugar de trabajo. Esperó hasta que llegó un Renault Captur blanco. Era temprano. El aparcamiento no estaba todavía muy lleno. El dueño estaba a punto de cerrar la puerta. Le acercó la táser a la parte del vientre y el tipo se desmoronó como un castillo de naipes. Aprovechando que al lado había una furgoneta, hizo rodar el cuerpo del nota hasta esconderlo debajo. Se montó en el coche y se marchó.

Recogió al Botas en el punto acordado, un lugar situado cerca de la avenida de los diabéticos, y se marcharon en el Captur hasta la calle Orense, sumidos en un silencio espeso después de contarse brevemente sus pesquisas. El Tijeras había memorizado la ruta no ya hasta la calle Orense, que se la sabía de memoria, sino hasta la misma puerta del parking de Feldix. Llegaron y le contaron al vigilante el bulo de que no les funcionaba el mando para abrir la puerta. El tipo salió de la garita y les preguntó que adónde iban. El Botas se bajó del coche y lo rodeó por el morro, y con el mando de la puerta de su propia plaza de garaje, en el barrio, le dijo que no abría.

—Mire, mire, ¿ve? Le doy y no se abre.

—Ese mando no es de aquí. Si me dicen dónde van, a lo mejor puedo ayudarles.

No dio tiempo a más. El Pirri le metió con la táser y el nota se desparramó como antes lo había hecho el dueño del Captur. Rápidamente lo metieron en la garita, cogieron un mando del cajón y abrieron la puerta. Localizar el Lexus fue un juego de niños. Rompieron con la maza la ventanilla del conductor y la de atrás, rociando con gasolina el interior y después el exterior. Después lanzaron una cerilla dentro y salieron a toda hostia del garaje. Cuando iban a salir por la puerta, llenos de adrenalina, escucharon una explosión, pero al rato ya estaban circulando tranquilamente sin llamar la atención por la calle Orense en dirección a Sor Ángela de la Cruz. Allí tomaron el túnel para coger la ruta que habían estudiado la tarde anterior. El objetivo era salir del centro para evitar el mayor número de cámaras posible. Condujeron hasta la estación de metro de Pitis, un paraje bastante solitario, y abandonaron el coche en un aparcamiento de tierra. El Botas conocía la zona porque tenía familia por allí. Después se quitaron las mascarillas, las capuchas y las gafas y cogieron el metro. Línea 7, directo hasta Las Musas. Y se plantaron en el antro del Julito, donde los estábamos esperando. Entraron sonriendo, los cabrones, y comprendimos por qué.

—¡Me cago en la puta, troncos, qué grandes sois! —gritó el Tijeras—. Abrazó al Pirri y al Botas.

—¡Eh! —gritó el Julito, aguafiestas de turno—. ¿Y si disimulamos un poco? —Llevaba razón. No es que hubiese mucha gente en el garito, pero no era plan de ir por ahí celebrando nada.

Nos sentamos y nos contaron todo, con pelos y señales. En la tele estaban dando un informativo matinal y cortaron para dar la noticia. La explosión no solo había jodido el Lexus, sino varios coches de alrededor y parte del suelo y del techo de la planta. En la tele estaban diciendo que había sido un atentado yihadista, ¡había que joderse! ¿Y por qué no de la ETA? Total, para algunos no había dejado de existir, sobre todo en campaña electoral.

Seguimos bebiendo y fumando, sonriendo, celebrando que por una vez en la vida algo había salido bien. Sonreíamos y hablábamos, comentando entre nosotros lo cabrón que era el Banderines.

—¿Nunca estuvo en la cárcel? —preguntó el Roberto.

—Nunca. Es muy escurridizo —contestó el Pirri.

—Vosotros tampoco —dije.

—Nosotros paramos —contestó el Tije—. Robábamos para ponernos por el codo, tronco. Pero él siguió cuando se desenganchó. Daba un palo y luego se ponía a currar un tiempo en lo que fuera, para disimular. Dejó de venir por el barrio. Pero había rumores de que se daba la vidorra padre. Y cuando se le acababa la pasta montaba otra movida.

En la tele volvieron a conectar. No descartaban nada. Pero sí que dijeron que los daños no eran tan graves.

Había coches chamuscados y se había desprendido algo de yeso del techo y de la pared. Eso sí, el Lexus había quedado inservible.

Al cabo del rato, el Roberto y yo marchamos a comer.

—¿Quieres preguntar algo?

—No, solo estaba pensando en por qué se viste de mujer.

—Ya te dije. Dicen las malas lenguas que su vieja quería una niña. Pero vino él. Y como era tan mono, la vieja, que bien de la almendra no estaba por el hijoputa de marido que tenía, empezó a ponerle vestiditos y a hacerle bucles en el pelo. Pues, por lo visto, él terminó por cogerle el gusto a la movida.

—Me dijiste que el Banderines mató al viejo, ¿no?

—Dicen que sí.

Comimos y nos fuimos al hostal. El Roberto se metió en su cuartucho y se echó en el colchón. La Pili se habría bajado a comer. Y yo fui hasta mi antigua habitación, que permanecía como cuando yo estaba instalado allí. Yo una vez tuve una novia, la Cari, amiga de la Marga, que fue la piba de mi colega el Chule, los dos padres del Nico. Pobre Nico. Encendí un truja y me eché una copa de Johnnie Negro. Me pareció verlas ahí a las dos en la cama, chutándose y quedándose dormidas. También me vi a mí, bebiendo, fumando y mirando por la ventana. El tipo joven que miraba por la ventana solo se parecía a mí en eso. Seguía gustándome mirar por las ventanas. Y seguía bebiendo, claro. Por lo demás, yo ya no era ese tipo. Me hice una reflexión. En realidad, somos la suma de los hombres que hemos sido. A+B+C+D+E+F es igual a G, pongamos por caso. D forma parte de G, claro, pero G se parece a D como un melón a un autobús. Bonita reflexión de los cojones. Estaba pedo. Me fui a echar la siesta después de tomar un par de antiácidos.

22

—El nota me ha contestado. Por primera vez —dijo el Banderines—. Y eso está bien, porque seguramente empieza a comprender que es vulnerable.

Habíamos vuelto a reunirnos al día siguiente. Volvíamos a estar allí, utilizando el cenicero de Cinzano, el extractor, fumando y tomando unas copas, como si aquello fuera una reunión de colegas del equipo de veteranos de fútbol sala o algo así. Pero la verdad era que volvíamos a estar hipnotizados por la verborrea y los gestos del cabrón del Bande, que había venido con las mismas pintas, un Bowie moreno de ojos verdes, vaqueros, deportivas y una chupa de cuero. Y las gafas de sol Ray-Ban, discretas, elegantes.

—¿Qué ha dicho? —preguntó el Botas, aprovechando una de esas pausas que hacía el Banderines.

—Lo que yo esperaba. Que si estoy mal de la cabeza, que la Policía está detrás de mí y que quién coño soy. Antes de que lo preguntéis, le he contestado que solo soy alguien que quiere negociar y que creo que no ha entendido nada porque el nota me ha repetido hasta tres veces que a él no le dice nadie lo que hace o no hace.

—¿Entonces? —el Botas otra vez con cara de flipao.

—Entonces hay que preparar otra acción. Algo que le afecte más que la quema de un puto coche, aunque sea un jodido coche de lujo.

—¿Como qué? —preguntó el Tijeras.

El Julito trajo las copas que le habíamos pedido. El Banderines encendió un Marlboro con toda la pomposidad del mundo, como si fuera un emperador romano mirando cómo ardía la ciudad que él mismo había incendiado. Yo le imité, pero con mucho menos estilo. El estilo se tiene o no se tiene.

—El nota vive en un casoplón, en una urbanización privada, con vigilancia y toda la pesca. La idea es ir allí y asustarle a base de bien. Mi amigo el Pestañas desactivará las comunicaciones de la garita con el exterior, así como las cámaras del interior de la urbanización y las que hay en el portón de entrada.

—¿Puede hacer eso? —preguntó el Pirri.

—Puede hacer eso y lo que le salga del nabo y sin moverse de su keli. Hoy en día todo va por internet y todo lo que esté conectado a un *router* se puede reventar. Con las herramientas y los conocimientos adecuados, claro. Una vez desconectadas las cámaras y las alarmas os plantáis allí. Mirad, este es el plano de la urbanización.

Extendió un plano sobre la mesa, calculé que de un tamaño A2, más o menos. Hay que ver la de información inútil que tiene uno en la cabeza, como los formatos de papel, pero también me sabía de memoria las canciones de Perales, y no me gusta Perales. Un flipe. El caso es que allí estaba impreso un contorno circular irregular en la que se veían diversas construcciones distintas entre sí. Se distinguían edificios de dos plantas como mucho, jardines y piscinas de formas rectangulares, circulares y otras en forma de riñón. También la garita de la única entrada. Había unas veinte casas, casoplones, claro, chozas para ricos que se querían sentir seguros en un mundo lleno de hijos de puta aunque ellos también lo fueran. Todo esto nos lo iba explicando el Bande como si fuera un profesor de Oxford dando una clase magistral sobre un tema científico. Daba golpecitos sobre el plano con un bolígrafo y nos miraba cuando explicaba algo más específico para asegurarse de que entendíamos lo que estaba diciendo.

—Hay que ir en coche. Lo mejor sería robar uno media hora antes o así. Y lo más prudente sería aparcar cerca de la garita. Los guardias verán en sus monitores una imagen grabada, por cortesía del Pestañas, o sea, que no verán cómo os aproximáis a la garita.

El Banderines siguió describiendo la maniobra para neutralizar a los guardias como si fuera un comandante de las fuerzas especiales y nosotros fuéramos boinas verdes. Seguramente, él bien podría haber sido un comandante, pero nosotros estábamos muy lejos de ser soldados de élite y muy cerca de ser unos mataos de los cojones que necesitábamos un trago para pasar los siguientes diez minutos.

—Son dos guardias. Dejan la puerta abierta. Lo he comprobado. Salen a fumar o simplemente a estirar las piernas. Nunca se alejan. Pero hay un problema. Llevan pipas. No son simples vigilantes.

—¿Entonces? —preguntó el Botas.

—Entonces, vosotros tenéis que llevar pipas también. Como estas.

Sacó tres pistolas relucientes de la bolsa de deportes, que empezaba a parecer la chistera de un mago. Solo que en vez de conejos salían tásers, mazas o pipas. Vete tú a saber qué sería lo próximo que saldría de ahí. Al Botas, al Pirri o al Tijeras no les asustaban las pipas, a mí y al Roberto sí. Ellos habían disparado algunas veces. Incluso se habían cargado gente. Vale, hijos de puta, pero gente, al fin y al cabo. No se hablaba de ello, pero yo lo sabía. El Bande se dio cuenta de nuestros caretos al extraer y volver a introducir el cargador.

—Son de pega —dijo mirándonos al Roberto y a mí—. No queremos matar a nadie. Eso sí, son réplicas exactas. Las utilizaréis para intimidar a los guardias y que ellos no saquen sus pipas. Y después les metéis con la táser. Les amordazáis con cinta americana. No vais a estar mucho dentro, pero por si las moscas.

Sacó de la bolsa cinta americana, tres pasamontañas y tres pares de guantes y los puso sobre la mesa.

—Ah, si no os importa, les quitáis las pipas a los guardias. Nunca se sabe cuándo pueden venir bien un par de pipas de verdad —sonrió—. Al tema. Una vez amordazados los dejáis en el suelo y cerráis la puerta por fuera con la llave. La tendrán por ahí. Abrís la barrera y entráis con el coche. Vais hasta la puerta de la casa del Borjamari. Y entráis. ¿Cómo? Esta gente es tan tolai que se cree que la tecnología los protege más. Así que tienen cerraduras electrónicas, tanto para la puerta de fuera como para la de dentro. El Pestañas habrá desactivado todo el tema de cámaras, alarmas y demás, pero no las cerraduras. Os hará unas tarjetas magnéticas y entraréis como Pedro por su casa. Lo haréis sobre las tres de la mañana. Estarán durmiendo. Son el matrimonio y una hija que todavía vive con ellos.

Hizo otra de sus jodidas pausas para encender otro pitillo y dar otro trago, y nosotros estábamos flipando no, lo siguiente.

—Lo primero que haréis será taparles la boca con la cinta americana, para que no griten. Y luego las manos y los tobillos. Después vais a por la hija. La lleváis hasta la habitación donde están ellos, con cinta en la boca. Podéis, por ejemplo, arrancarle la parte de arriba del pijama o el camisón o lo que lleve puesto. Lo que queremos es causarles un efecto dramático a los padres, que crean por unos momentos que la vais a violar o a hacerle algo peor. No le haréis nada, solo la amordazaréis y la dejaréis junto a ellos.

—¿Entonces? —dijo el Tijeras con la cara de flipe que teníamos todos.

—Lo que queremos es que sientan miedo. No les hacemos nada, pero tienen que sentir que podemos llegar hasta ellos cuándo y dónde queramos. La idea es que el tipo empiece a tomarse en serio que le ha salido un grano en el culo. Los maderos, además, van a encargarse de decirle al nota que no somos unos gilipollas. Lo del coche podrían haberlo hecho unos gamberros que tuvieran cojones. Esto no. Antes de iros, uno de vosotros se acercará al nota, cara con cara, que pueda oleros el aliento. Y le dirá que no les vais a hacer nada, con la pipa en la mano, balanceándola, pero que podríais matarlos así, como quien chasquea los dedos, y que podría pasar la próxima vez. Advertidle de que no compre el edificio de Canillejas. Ah, y le preguntáis que si lo entiende. Luego salís najando de allí a toda hostia.

Volvió a hacer una pausa y terminó su copa. El Botas pidió al Julito otra ronda por guasap. Después de que el camarero que tenía un bate de béisbol detrás de la barra nos las sirviera y cerrara la falsa puerta, todavía estuvimos allí más de media hora revisando todo. El Banderines resolvió dudas, aclaró algunos conceptos como si fuera un profesor y al final se decidió que el comando estaría compuesto por el Botas, el Tijeras y el Pirri. Por último, advirtió de que dejaran los teléfonos móviles en casa, como en la acción anterior.

—No os ofendáis —nos dijo el Bande al Roberto y a mí—, pero esto no es para vosotros.

Nos ha jodido que no era para nosotros. Yo solo había tocado un arma en la mili, el puto CETME que se encasquillaba, aunque lo mantuvieras engrasado, cosa que hacíamos todos los días. Y dudaba de que la movida fuera para estos tres, a pesar de su experiencia de atracadores de barrio para quitarse el mono. Era verdad que el Tijeras, con su colega el Lejía, se había cepillado a una banda de extorsionadores rumanos, y que con el Pirri habían desbaratado un narcopiso en el barrio. Pero lo que había descrito el Banderines era una operación en la que yo veía más a Tom Cruise, a Schwarzenegger y al puto Bruce Lee. El Roberto y yo no salíamos del estado de flipe.

El Bande salió del garito como siempre, tomando todas las precauciones del mundo. El Roberto y yo nos despedimos del resto de la peña y nos fuimos. Íbamos tan flipados que no abrimos la boca hasta pasar al Shiray, un bar del otro lado del parque, y pedir un par de birras.

—Menuda película, ¿no? —dijo el Roberto.

—Has flipao.

—Esto lo tenía planeado antes de que quemaran el coche.

—Nos ha jodido, pues claro. Y seguro que ya tiene planeada la siguiente movida por si el Borjamari no cede.

23

¡Buaaaah, bro, no veas qué movida la última mani! Hubo mucha peña, pero se colaron unos rapados que empezaron a liarla y los maderos envistieron. Como estos prendas se mezclaron con los que íbamos allí por la movida de los bloques, pues los maderos cargaron contra todos. A mí me dieron un porrazo en un hombro que todavía estoy jodido, ¿sabes? No son brutos ni na, colega. A la pobre Arancha, una piba con pocas luces, hija del Atanasio y la Casilda, del cuarto B, le abrieron la cabeza y se la tuvieron que llevar al hospital. Todavía está allí en observación. Menuda movi, bro, los viejos llorando, la peña gritando. Yo es que no lo entiendo, bro. Nos quitan la casa y encima nos aporrean sin hacer na. Es lo que dijo el Botas en la asamblea de la Asociación de Vecinos.

—... y así los que hemos salido retratados malamente somos nosotros, los vecinos, cuando somos los que no hemos hecho nada, cuando estábamos manifestándonos tranquilamente. No sé si habéis echado un vistazo a la prensa o habéis visto la tele o escuchado la radio. Los que quedamos como el culo somos nosotros. Que si somos violentos, que si queremos impedir la prosperidad de los barrios, que si somos unos salvajes que no comprendemos nada. Yo y los de las asociaciones creemos que esto no es casual. Ellos tienen más experiencia en estos temas y dicen que siempre actúan igual, que lo que quieren es poner a la gente en contra de nosotros, cuando nosotros solo defendemos nuestros derechos.

Lo que estaba diciendo el Botas era la puta verdad, bro. Yo tampoco entendía na. Los que empezaron a liarla fueron los cabezas rapadas. ¡Joder, cualquiera que estuviera allí lo había visto! Los maderos estaban allí. Así que, ¿por qué no actuaron solo contra ellos?

—Mi hija todavía está en el hospital —dijo el Atanasio—. Nos relevamos para cuidarla mi mujer y yo. Mi niña no se merece esto. Es muy inocente y muy buena.

Casilda es ama de casa y él fontanero jubilado. Tienen tres hijos, dos chicos que ya se fueron a hacer su vida, bro, y Arancha, que todavía vive con ellos y no tiene muchas luces. No terminó los estudios primarios, nunca ha encontrado ningún trabajo convencional y lo único que hace es cuidar viejos, por dinero en negro y eso, ¿sabes? En algunas casas hasta tiene que cambiarles los pañales. Los padres siempre la han animado a que encuentre algo mejor, un trabajo legal, con su nómina y su cotización a la Seguridad Social y toda la pesca, bro, pero a ella le da un poco igual todo, no comprende, ¿me entiendes? No está diagnosticada como yo, pero a la gente le parece que la chica es algo retrasada, en fin, que algo le pasa.

—Lo sé, Atanasio —dijo el Botas—. Nadie se merece eso, pero mucho menos Arancha. No sabes cuánto lo siento. Cualquier cosa que os haga falta, ya sabes dónde vivo. No tienes más que llamar.

En la mani, no veas, bro. Yo conté muchos grupos de gente. Estábamos los de mi bloque y más gente del barrio de los alrededores, los de Tetuán y los de Lavapiés. Pero también vi a estos que van de verde, los profes que llaman la marea verde y los médicos que son la marea blanca. Y también estaban los del colectivo LGTBIQ+, creo que se llaman así, y hacían bailes, bro. Y otros tocaban tambores y bailaban. Y yo no entendía nada. ¿Por qué de repente quería ayudarnos tanta gente?

—No tenéis que veniros abajo. Visteis que en la manifestación no solo estábamos los vecinos. Vinieron también gente de Lavapiés y Tetuán, y colectivos que nos apoyan que no tienen nada que ver con nosotros, pero que son solidarios. —Esto lo decía un nota del sindicato de inquilinos—. Nosotros también tenemos medios de comunicación afines, y las redes sociales, que están contradiciendo las versiones de los periódicos fachas. Así que ánimo, vecinos.

En las asambleas cada vez venía más gente, bro. Y no era raro ver por allí a alguno de la Asociación de Vecinos, como el que hablaba ahora. Y también solían venir un par de pibas del sindicato de inquilinas como la que había empezado a hablar ahora.

—... y no os reprocho que tengáis miedo. Nosotras tenemos miedo, en cada intento de desahucio, en cada movilización, en cada manifestación. No será la última vez que viene gente de ultraderecha a reventar nuestros actos, ¡a reventar nuestras cabezas! Pero eso es lo que quieren, que tengamos miedo y dejemos de organizarnos. ¡Pues no vamos a ceder!

Y ahí, tronco, la peña se levantó y empezó a aplaudir y yo me partía la polla porque el Picana y José Heredia, el gitano del bajo, empezaron a doblar las palmas, y yo creía que el Trepa, que hasta a las asambleas se llevaba su yonquilata, iba a desenfundar la guitarra y se iban a poner a cantar «Carmen, Carmen, voy a tener que emborracharme» o algo así, bro, jajajaja..., pero se cortaron. Menos mal, ¿sabes? Porque, si no, menuda vergüenza. Ah, y no veas lo buena que estaba la piba, su puta madre, vaya pibonaco. Pero a lo que iba, que la peña estaba unida y eso molaba, bro, por lo menos a estos cabrones les íbamos a dar guerra.

—Ya os paso las siguientes fechas para las concentraciones —dijo el Botas cuando la gente dejó de aplaudir—. Seguimos con los abogaos también y con las asociaciones a ver qué más podemos hacer. Y, ahora, si tenéis alguna pregunta...

Ya te digo que si hubo preguntas, bro, no te quiero aburrir. Allí preguntaron hasta si iba a ganar la liga el Madrid, la peña se enrolla que no veas, bro. Así que yo me escaqueé echando un vistazo más al pibonaco. Madre mía, bro. Pero antes de subir a keli me pasé por el chino, ¿sabes? Me compré dos birras y una bolsa de esas de patatas que están tela de ricas, bro, de esas de *gourmet*. Y al salir me crucé con el colgao del Zip y su colega ese que dicen que es abogado. Menudo nota también, ¿sabes?, que duerme ahora en el hostal del Zip porque es invierno, pero que luego se va con un colchón al parque de San Blas, bro, y duerme allí con sus peluches, ¿te lo puedes creer?

—¿Qué tal, Jero? —me dijo el Zip.

Joder, bro, a mí no me gusta que me hablen así tan de sopetón, ¿sabes cómo te digo? Pero tampoco es cuestión de no contestar y hacer ver que eres más raruno de lo que ya piensan todos.

—Bien..., bien...

—¿De recogida?

—Sí, me..., me voy para keli a ver *Shameless* —le dije, bro, y no te creas que no me costó armar la frase para que saliera así de seguido todo. Me pasaba pocas veces.

—¿Qué?

No me lo podía creer. No sabía lo que era *Shameless*. Todo el mundo lo sabe, bro. O a lo mejor no. A lo mejor son imaginaciones mías. Yo qué sé, bro.

24

Al día siguiente, a las dos de la mañana, el Botas, el Tije y el Pirri llegaron en taxi al aeropuerto de Barajas, a Llegadas. Entraron en la terminal y pasaron al servicio. De allí salieron con las capuchas de las sudaderas subidas, con mascarillas y gafas de sol, por separado, a intervalos de un minuto más o menos. Se dirigieron al aparcamiento y esperaron a que llegara algún pardillo. Eligieron a uno que acababa de aparcar un Golf y, cuando estaba sacando la maleta del maletero, le aplicaron la táser en el cuello. Metieron al tipo y a su maleta debajo de una furgoneta en lo que empezaba a ser un procedimiento estándar. Solo tuvieron que pagar el importe en la máquina y salir del aparcamiento tranquilamente.

La urbanización estaba cerca del aeropuerto. Habían estado estudiando todo el día las fases, todos los movimientos. Se acercaba la hora de la primera etapa, la más complicada, la de neutralizar a los guardias, lo más difícil de toda la acción. Al fin y al cabo, se arriesgaban a que los tipos se hicieran los héroes, a que sacaran las pipas y que se liaran a tiros. Si ocurría eso, eran hombres muertos.

Aparcaron y se pusieron los pasamontañas. Había unos cien metros hasta la garita. Se miraron y asintieron en silencio. Decidieron que el Botas iría primero y que los otros dos le seguirían en fila india. En el coche habían ido repitiendo lo que ya habían planeado horas antes. Con lo único que contaban era con el factor sorpresa. Al llegar a las proximidades de la garita pararon. El Banderines ya les había explicado que al acercarse por el flanco izquierdo llevaban ventaja, ya que el puesto de vigilancia estaba detrás de una esquina, es decir, no los verían aproximarse. Era cierto que había una cámara apuntando hacia esa dirección, pero los guardias, si es que estaban mirando al monitor, verían una imagen congelada. Y así debió ser, ya que, si no, habrían salido a esperarlos. El Botas contó hasta tres con los dedos y empezaron a caminar. La puerta estaba en el lateral contrario del sentido por el que habían venido. Pasaron frente a la garita agachados. Fue el Botas el que abrió la puerta y apuntó con la pistola a los dos guardias, que hicieron el gesto de echar mano a sus armas, pero no llegaron a completar la maniobra.

—¡Quietos u os vuelo la cabeza, cabrones!

El Tijeras y el Pirri les quitaron los revólveres. Después les taparon la boca y les ataron las muñecas a la espalda con la cinta americana, todo muy rápido. Les dieron varias vueltas de cinta a las pantorrillas y finalmente hicieron lo mismo con los cuellos y con las espinillas, de tal forma que los tipos quedaron unidos espalda contra espalda. Los dejaron inconscientes con la táser, los tumbaron en el suelo de la garita y cerraron con llave por fuera.

El Tijeras fue a por el coche. No tardaron mucho en llegar a la puerta de la casa del Borjamari después de levantar la barrera. La urbanización estaba en silencio y había algunas luces, pocas. Los vecinos dormían tranquilamente pensando que nadie podía interrumpir sus sueños. Se creían intocables.

El Pestañas había hecho una tarjeta magnética con la que abrieron la puerta para entrar al jardín. El Bande les había asegurado que la familia no tenía perro. Pero se había quedado corto al describirles la casa. Aquello era todo un casoplón, con sus árboles, su césped, su piscina y su carretera interior para ir hasta el garaje. Tardaron unos quince segundos en llegar hasta la puerta de entrada a paso ligero. La abrieron con la misma tarjeta. El chasquido, al igual que había pasado con la puerta de acceso al jardín, resonó en la noche como un jodido cerrojo al descorrerse, pero seguramente hizo menos ruido del que a ellos les pareció. Estaban menos nerviosos que cuando se habían aproximado a la caseta de los guardias, pero aun así la adrenalina les chorreaba por la piel.

Como les había dicho el Banderines, no se activó ninguna alarma. Los capullos tenían hasta luces de emergencia en los peldaños de las escaleras y en cada rincón de la casa, con lo que había una visibilidad aceptable. Comprobaron la planta baja para evitar sorpresas. El salón, la cocina, varios cuartos de estar, la biblioteca, una sala de billar y otra de cine con su puta pantalla grande estaban vacías. Los dormitorios estaban arriba. La información del Banderines no llegaba hasta saber en qué dormitorio estaba el matrimonio y en cuál la hija. Tendrían que averiguarlo y había muchas habitaciones. Primero localizaron la de la hija. El Botas se acercó y le tapó la boca con cinta americana. La chica se despertó y puso cara de pánico. Empezó a patalear y a dar manotazos.

—¡Quieta! —dijo el Tijeras, poniéndole la pistola entre los agujeros de la nariz y el labio superior.

—Si haces lo que te digamos, no vamos a hacerte daño —dijo el Pirri—. No nos lo pongas difícil y tengamos que meterte una bala en la cabeza, ¿eh?

La chica, todavía visiblemente alterada por el *shock*, asintió. Fue el Tijeras quien la guio a través del pasillo apuntándola con la pistola. El Botas y el Pirri encontraron la habitación del matrimonio a la tercera puerta que abrieron. Se oían ronquidos leves.

—Quédate con la chica fuera —dijo el Botas—, que no la vean todavía.

—Vale.

El Pirri encendió la luz del dormitorio. Automáticamente, las luces tenues de emergencia se apagaron. Corrieron cada uno hasta un lado de la cama. El Borjamari y su señora debían de tener el sueño profundo, porque no se despertaron, lo que facilitó la labor. Lo primero que hicieron fue sellarles los labios con la cinta. Ahí ya sí que se despertaron y las primeras miradas fueron como de no entender lo que estaba pasando. Les apuntaron con las pistolas.

—Os vais a levantar muy despacio, sin hacer gilipolleces, y os venís a sentaros a este lado de la cama —dijo el Botas, señalando al lado de la mujer, que era el que estaba frente a la puerta de entrada.

La mujer se sentó. Parecía que quería gritar, pero la cinta evitaba que la señora Borjamari cantara *La traviata*, así que solo sonaban unos «mnhhhhh…» ridículos. Lo mismo ocurría con el padre de familia. Este, más que gritar, parecía querer hablar en voz alta para dar órdenes, que era a lo que estaba acostumbrado. El Pirri les encintó las muñecas a la espalda y los pies. Después fue a buscar al Tijeras, que entró en la habitación con la chavala. Fue el Botas quien le rasgó con fuerza el camisón, que cayó planeando al suelo, como si fuera un anuncio de suavizante. La chica se quedó en bragas y en tetas. Su cara era de terror. El padre se levantó de la cama y, cuando intentó dar el primer paso, se cayó de boca al suelo. El Pirri volvió a colocarlo sentado en la cama. Sangraba por la nariz bastante. Las mujeres lloraban.

Tras una pausa dramática en la que los tres encapuchados se rieron con fuerza, después de mirar las tetas de la piba para hacerles creer que le iban a hacer algo, el Botas se acercó al Borjamari.

—Escucha, capullo —le dijo acercando su cara a la suya—. No le vamos a hacer nada, ni a ella ni a vosotros. Pero quiero que sepas que podríamos hacerlo, ¿te coscas? La próxima vez no será así. La próxima vez nos llevamos por delante a todos. Quiero que lo sepas. ¿Entiendes?

Como el nota estaba parado y no decía nada, el Botas le dio con el cañón de la pipa en la frente.

—Que si te enteras de lo que te estoy diciendo, capullo.

El tipo asintió, sin entender qué estaba sucediendo. Ahora sangraba también por la frente.

—No compres el edificio de Canillejas o no vamos a parar de joderte. ¿Te has enterao?

El Borjamari asintió y comprendió muy bien, ahora sí, lo que estaba pasando. El puto edificio de Canillejas, los correos electrónicos misteriosos, el Lexus quemado y los tres encapuchados en su casa eran parte del mismo juego macabro.

El Botas, el Tije y el Pirri se marcharon después de amarrar bien a los tres pringados a un par de radiadores apagados que había en la pared. Montaron en el Golf, se aproximaron a la puerta de la urbanización, levantaron la barrera y se marcharon como si no hubiera pasado nada. El coche lo abandonaron en Ventas.

Pillaron unas yonquilatas en una gasolinera cercana y ahí ya sí, soltaron todos los nervios y se abrazaron.

—¡Joder, joder, joder…! —dijo el Botas—. ¡Ha sido una puta pasada!

—¡La puta caña, troncos! —dijo el Pirri.

El Tijeras, menos dado a expresar sus sentimientos, solo sonrió y brindó con sus dos colegas.

—Parece mentira que con los años que tenemos estemos metidos en estos jaris —contestó.

—Y que no falten. A mí me dan la vida. —El Pirri, eufórico, encendió un pitillo.

—Pues yo preferiría llevar una puta vida normal. De hecho, la llevaba, joder, hasta que este cabrón decidió que iba a comprar un edificio y a echar a los vecinos. Menudo hijo de puta. —El Botas miró hacia la plaza de toros como si esperara que saliera un morlaco que le empitonara y lo volteara por los aires. Así era cómo se sentía desde que recibió la noticia de que se iba a quedar sin casa, como si la vida le embistiera por haber cometido el pecado de abandonar la delincuencia y llevar una vida normal—. Quiero daros las gracias, troncos. No teníais que meteros en esta movida. Y no lo habéis dudado un momento. Siempre estaré en deuda con vosotros, y con el Bande. Y también con el Zip y el Roberto.

—Eso tiene arreglo —dijo el Pirri—. Nos vas a estar pagando yonquilatas hasta el día del juicio, cabronazo, jajaja…

—Dalo por hecho.

—Venga, vamos a matar las birras y cogemos un pelas —dijo el Tijeras.

—Dabuten —contestó el Pirri.

25

El dueño de Feldix estaba indignado, con un enfado superior en varios niveles a los cabreos habituales. Había tenido que ser rescatado junto a su mujer y su hija por la empresa de seguridad, en el relevo de los guardias, a los que habían encontrado maniatados. La familia tuvo que esperar varias horas hasta que se produjo la liberación. Nunca en la vida se había visto ante un hecho como el que acababan de vivir. Rodeándolo, en una mesa de juntas de la empresa, estaban su hijo, el gerente, Mario Yunta, director de la división de Seguridad, y Pedro Ugarte, director general de la Guardia Civil, amigo personal de Borja María Aguado.

—¡En mi propia casa! —gritó el empresario como Michael Corleone en *El Padrino II*.

—No sabe cuánto lo siento, señor Aguado —dijo Mario Yunta aun a sabiendas de que cualquier cosa que pudiera decir no iba a calmar a su jefe.

—Y tú —contestó Borja María Aguado—, tú ¡estás relevado de tus funciones! ¡No te pago para que me entren unos cabrones en casa y me amenacen a mí y a mi familia!

—Lo que usted quiera, pero permítame que le diga... Hemos hecho las primeras investigaciones y le voy a decir algo que el señor Ugarte podrá corroborar. Los que entraron en su casa no eran unos desgraciados. Eran profesionales.

—¡Pues a mí me dio la impresión de que eran unos vulgares matones!

—Puede que ellos lo fueran, lo desconozco. Pero manipularon las imágenes de las cámaras de seguridad a través de internet, con lo que los guardias no pudieron verlos venir. Y alguien, también a través de internet, adivinó las claves de las cerraduras de su casa y abrieron las puertas sin forzarlas.

—¿Es eso cierto, Pedro?

—Es cierto. Tenemos agentes en el servicio de Informática que han hecho las comprobaciones pertinentes.

—¡Joder! ¿Quiénes son esos tíos? ¿De la CIA o qué?

—Todavía no lo sabemos —continuó el director de la Guardia Civil—. Mis hombres siguen investigando y estoy en contacto permanente con el director de la Policía. Según nos has contado tú mismo, lo del coche y lo del allanamiento de tu casa son hechos que tienen relación con el edificio que tu empresa quiere comprar en ese barrio, Canillejas, ¿no?

—Sí, ellos mismos me lo dijeron. Y don misterioso, el que me escribe los correos electrónicos, siempre me dice lo mismo, que abandone la idea de comprar ese inmueble.

—Créeme, Borja, tienen que ser gente relacionada con ese edificio. No creo que la Policía tarde en atar cabos.

—Yo recomendaría que llevara usted escolta, señor Aguado —dijo Mario, el de seguridad—. Y que haya un par de hombres permanentemente vigilando el perímetro de la casa.

Borja María Aguado lo miró gravemente, como un depredador que mira a su presa segundos antes de atacar.

—Tu director de seguridad lleva razón. Volverán a atacar. Seguramente no en tu casa, porque preverán que estará más vigilada que antes. Pero volverán a hacerlo por una razón simple. Observando su *modus operandi* se diría que ante cada negativa te han golpeado. Te darán un tiempo para ver si te echas para atrás y, cuando vean que no lo haces, volverán a atacarte. Si no los detenemos antes, claro.

—Espero que lo hagáis, porque yo no voy a ceder. Todavía no ha nacido el hombre que me diga lo que puedo comprar o no puedo comprar con mi dinero.

—Papá, ¿has barajado la posibilidad remota de no comprar el edificio?

—Pero ¿no me estás oyendo?

—Claro que te escucho y te conozco, por eso sé que no vas a renunciar. Y sé que nunca cederás a un chantaje. Y haces bien. Pero..., por otra parte, estoy pensando si merece la pena arriesgarse por...

—Hijo... No soy quien soy por haberme echado atrás en ninguno de los negocios en los que he invertido, eso lo sabe todo el mundo.

—A tu padre lo conoce todo el mundo —intervino el gerente—. Todo el mundo menos, al parecer, esos delincuentes. Porque, si no, te aseguro que no se atreverían a meterse con él.

—Señores —intervino Pedro Ugarte—. Tienen que calmarse. Sí, ya sé, Borja, que han entrado en tu domicilio y han amenazado a tu familia. Yo también estaría jodido y con ganas de cargarme a esos cabrones. Pero los nervios no son buenos compañeros, no sé si me entiendes. Yo aumentaría tu seguridad, como ha dicho el señor Yunta, al que, por otra parte, has despedido. Eso es legítimo y legal. Y dejaría a los profesionales que investiguemos. Lo haríamos con cualquiera, para eso nos pagan. Pero por la amistad que nos une, te aseguro que vamos a poner especial interés en esto. ¿Cuánto tiempo lleva este hombre contigo?

—Quince años al mando de la seguridad, señor Ugarte —dijo Mario Yunta.

—No es un buen momento, ahora que tu integridad y la de tu familia están amenazadas, para cambiar a tu director de seguridad por alguien nuevo al que tengáis que enseñar las peculiaridades de la empresa. Créeme, esos tipos cuentan con medios para *hackear* un sistema informático y lo han hecho por sorpresa. Cualquier agente de seguridad habría actuado igual. No los vieron venir. Y les amenazaron con armas de fuego. ¿Qué podían hacer?

—Vale, joder.

El director de Feldix lo dijo con las manos en alto, como si estuviera implorando un milagro o una intervención divina.

—Mario, encárgate del tema de mi seguridad y el de mi familia.

—Sí, señor Aguado. Dos hombres le acompañarán vaya donde vaya. Y pondré dos hombres más en su domicilio.

—Sería prudente que tu mujer y tu hija no salieran de casa —dijo Ugarte.

—Eso va a ser más difícil. Pero se lo diré.

—Porque a ti encerrado en tu casa no te veo. ¿Me equivoco?

—Tengo una corporación que mantener. No puedo encerrarme. Tengo que dirigir esto —dijo Aguado, extendiendo las manos, como mostrando un imperio imaginario—. ¿Qué clase de hombre sería si me escondiera porque unos desgraciados me amenazan?

—Lo sé, por eso no te lo pido.

—No es la primera vez que me amenazan en mi vida. Un hombre como yo se crea enemigos, quiera o no quiera.

—Lo sé, qué me vas a contar. Pero hazme caso, mantén la calma. Todo lo que te envíen, correos, llamadas, lo que sea, me lo haces saber.

—Voy a contratar una investigación privada. ¿Sabes de alguna empresa fiable?

—Sí, claro.

—No es que no me fíe de vosotros o de la Policía.

—Lo sé. Hablaré con un amigo. Son caros, pero eficientes. Si es lo que quieres...

—Gracias, Pedro.

La reunión finalizó y Borja María Aguado terminó de ultimar algunos detalles con su hijo y el gerente. Mario Yunta acompañó a Pedro Ugarte hasta la salida, en donde le esperaba un coche oficial con escolta.

—Muchas gracias, señor Ugarte. Me ha salvado usted el culo.

—No lo he hecho por usted. Realmente creo en lo que le he dicho a Borja.

—De todas formas, se lo agradezco mucho.

El coche negro del director general de la Guardia Civil se perdió en el tráfico de la calle Orense hacia General Perón. Por su parte, Mario Yunta volvió a su despacho. Tenía muchas cosas en las que pensar.

26

Como el Roberto se había ido a hacerse un análisis de sangre, me bajé a lo del Julito a tomarme una copa después de desayunar. Me senté a una mesa, al lado de la que ocupaba el Pirri. No quise molestarlo porque estaba leyendo *Jernigan*, la última de un tal David Gates. Ni puta idea de quién era el nota. Seguro que era una recomendación del Cortecín, un tipo raro que trabajaba en la biblioteca del barrio y que mantenía una extraña relación de amistad con el Pirri. El Tijeras miraba la televisión. Habían pasado dos días desde la acción en la choza del Borjamari. Nos habían contado todo. Pero lo raro fue que la noticia no saltó a la prensa. Yo había pensado que lo mismo todavía estaban amordazados en la habitación, pero no, no era probable. Los guardias del turno de mañana habrían ido a relevar a los del turno de noche y, al ver la movida, se habrían puesto a investigar a qué casa habrían ido estos tres. Sin tener ni puta idea de protocolos de guardias jurados, era lo más lógico. Seguramente el tipo, con sus influencias, habría logrado que la noticia no trascendiera más allá de la seguridad privada de la urbanización, a los que tampoco les interesaría que los vecinos supieran que tres tarados encapuchados habían reducido a dos guardias armados. Pero la Policía lo sabía. La prueba fue lo que pasó a continuación.

Entraron dos tipos. El Julito los miró como si hubieran insultado a su madre, pero no dijo nada. Se dirigieron a la mesa en la que estaba el Pirri y uno de ellos lo saludó.

—Coño, madero —dijo el Pirri.

El madero era alto y delgado, pero estaba fuerte. El otro era más bajo sin ser un enano y tenía unos kilos de más. Los dos eran morenos. El más pequeño peinaba canas y el otro, el que saludó, conservaba todo el color de su pelo, pese a que los dos tendrían la misma edad.

—Quería hablar con vosotros —señaló al Tijeras.

El Pirri llamó al Tijeras con un típico silbido para adentro de esos que se usaban en los ochenta. Se acercó a la mesa.

—Coño, madero, cuánto tiempo.

—Este es mi compañero, el inspector Rupérez.

Los cuatro se sentaron a la mesa y el madero empezó a hablar.

—Veréis, el otro día ardió un coche en un garaje de la calle Orense. Y hace un par de días, tres tipos encapuchados asaltaron una vivienda en una urbanización privada, reduciendo a dos guardias a los que les quitaron sus armas reglamentarias.

El Pirri y el Tijeras se miraron con ojos interrogativos e hicieron como que no tenían ni idea de qué les estaba hablando el madero.

—El coche y la casa pertenecían a la misma persona, que además está recibiendo amenazas por escrito. El tipo es dueño de un fondo de inversión.

—No sé por qué nos estás contando esto, madero —dijo el Pirri.

—Pues porque ese fondo de inversión tiene interés en comprar este edificio y las amenazas que está recibiendo son para que no lo compre. ¿Y quiénes paran en el bar de este edificio? Pues mis viejos amigos, el Pirri y el Tijeras, que tienen más antecedentes que el Dioni. Así que he pensado que a lo mejor sabíais algo.

—Nosotros no sabemos nada —dijo el Tijeras—. Sabemos lo del edificio, claro, lo sabe todo el barrio. Pero no sabemos nada de coches quemados ni de casas asaltadas.

El madero les preguntó que dónde se encontraban los dos días en las horas en las que sucedieron los hechos.

—El día que dices, este y yo estábamos aquí —dijo el Tijeras—. El Zip, que está en la mesa de al lado, y el Julito pueden decírtelo.

El madero me miró y, cuando iba a hablarme, le preguntó al Tijeras que cómo había dicho que me llamaba.

—Me llamo Cipriano Rodríguez —dije sin alzar la voz demasiado porque estábamos cerca.

Le dije que efectivamente ese día y a esas horas estábamos en el bar tomándonos algo. También le dije que era el dueño del hostal. Luego anotó mi deneí, supongo que para comprobar si yo tenía antecedentes. Después fue a hablar con el Julito. El Pirri encendió un cigarro, por inercia.

—Oiga, aquí no se puede fumar. —Rupérez habló por primera vez. Tenía una voz grave.

—Hostias..., lo siento.

—Muy bien —dijo el madero, regresando de la barra.

Después les preguntó por la noche del asalto. El Pirri le dijo que a esa hora estaba durmiendo y que su novia podía atestiguarlo porque estaba con él.

—¿Puedo hablar con ella?

—Ahora no está. Ha ido al centro porque tenía que hacer unas cosas.

—Qué casualidad. ¿Le puedes decir que me llame?

—Claro.

El madero le dio una tarjeta y después habló con el Tijeras, que le explicó que su madre podía dar fe de que él estaba durmiendo en casa cuando lo del asalto.

—¿Puedo hablar con ella?

—Pues precisamente hoy la han llamado del juzgado y está allí.

—¿Del juzgado?

—Sí, está allí, con el cura.

Después, ante la insistencia del madero, le dijo por fin quién era su madre y su vinculación con el padre sustancias. El madero le dio una tarjeta también al Tije para que su madre lo llamara.

—Sinceramente, lo del coche podríais haberlo hecho vosotros. Lo de asaltar el domicilio en la urbanización... —el madero se rascó la coronilla—, para eso hace falta otro tipo de cerebro. Os lo digo con todo el respeto. No habréis visto por aquí al Banderines, ¿verdad?

—¿A quién? —dijo el Pirri.

—Venga, no me digáis que no lo conocéis.

—Es la primera vez que oímos ese nombre —aclaró el Tijeras.

—Vale, nunca habéis oído hablar del Banderines. Ya. Bueno, a falta de la comprobación de estas coartadas, creo que hemos terminado.

—¿Cómo estás? ¿Todo bien? —preguntó el Pirri.

—Sí, todo bien. Vosotros, ya veo, con vuestro rollo de siempre de códigos de barrio, ¿no?

—Sí, a nuestra bola —dijo el Tijeras.

—¿No es raro que siempre que pasa algo en el barrio estéis vosotros por medio?

—Bueno, nosotros no tenemos nada que ver con esto —el Tijeras con cara de niño haciendo la primera comunión.

—Ya, claro. Espero que no. Nos vamos. Gracias por atendernos.

—De nada, madero —contestó el Pirri—. Ya sabes dónde estamos.

—¿Lo conocéis? —pregunté cuando ya habían salido del bar.

—Sí —dijo el Pirri. Me senté junto a ellos—. Se llama

Joaquín y es inspector de policía. Nos ayudó cuando lo del narcopiso de aquí al lado.

Yo sabía toda la historia, cómo para no saberla. Si allí mismo donde estábamos había caído muerto otro madero, un corrupto que al parecer estaba aliado con el narco mafioso. El Pirri y el Tije, por esa y otras movidas, eran una especie de héroes en el barrio.

—Es verdad que nos ayudó, pero no vayas a pensar que es un colega. Es un madero que al final estuvo investigando y se quedó con ganas de colgarnos más marrones que al Al Capone. Lo que pasa es que no pudo. A ver, no es un hijoputa, pero tampoco va regalando caramelos —el Tije en plan profe.

—Bueno, el Bande dijo que vendría la Policía. Hasta en eso llevaba razón el mamonazo. —El Pirri, ahora sí, encendió el truja. Le imitamos. Pedimos otros copazos de chinchón.

—Andaros al loro con estos —dijo el Julito cuando nos las trajo.

—Gracias por el aviso, pero no hace falta —contestó el Tijeras—, ya sabemos con quién nos jugamos los cuartos.

—¿Habéis sabido algo del Banderines?

—Nada —dijo el Pirri.

—El Banderines es un fantasma. —El Tijeras apagó su colilla en el cenicero—. No se le puede buscar, porque no vas a encontrarlo. Si le interesa, puede que te busque él. Aparece de vez en cuando, sí, pero lo que mejor le sale es desaparecer, colega. El nota se hace vapor y se evapora como el humo de un peta.

—Seguro que está observando cómo reacciona el Borjamari, viendo qué hace. Lo mismo el pavo se acojona. Que entren en tu keli, así, armados, yo qué sé, cualquiera se asustaría —dijo el Pirri.

—Esperemos —continuó el Tijeras—, porque, si no, yo no sé qué va a ser lo siguiente.

A mí siempre me había parecido increíble que el Bande fuera un atracador y que no estuviera dirigiendo el CESID o el CESIC, porque CESIB creo que no hay, pero si no también podría haberlo llevado.

Le pregunté al Tijeras por lo de su vieja y el cura. Dijo que parecía que se había calmado la cosa un poco después de que la prensa hubiese aumentado mediáticamente toda la movida porque el cura, en realidad, vendía solo viagras y algunas anfetas. Que decía que eran para algunas señoras que iban a misa y que querían adelgazar, pero que él no se lo creía del todo. Y que, bueno, que no era lo mismo pasar eso que jaco o perico, y que por eso la cosa quedaría en falta con multa, como había previsto el Roberto. Así que ya podía pasar el cepillo todos los días.

Le pregunté al Pirri por la Lola y me comentó que estaba por el centro con su hermana. Al parecer, estaban de compras.

Hacía un día cojonudo, la primavera se había instalado en el centro del invierno, los pájaros cantaban y los almendros florecían. El clima engañaba a los animales y a los vegetales como los políticos engañaban a los electores. La gente se sentaba en las terrazas de los bares en la misma época en que otros años estaban en sus casas con las calefacciones a tope. A la peña se la pelaba que se derritieran los polos o que para hacer una mierda de camiseta de algodón se utilizara mogollón de agua y que ese algodón hubiera sido cultivado utilizando pesticidas y fertilizantes que contaminaban un huevo. ¿Qué más daba? Cuando salimos de la pandemia vino Putin con las bombas y, por si fuéramos pocos, parió Netanyahu. Adiós al sueño del abandono de los combustibles fósiles, pero, sobre todo, adiós a miles de vidas que antes de los bombardeos trabajaban, iban a la compra y a tomarse unas birras, para gloria y enriquecimiento de los fabricantes de armas y los productores de petróleo.

Ya se me había subido el chinchón a la cabeza y Zip, el amigo de los pobres y de las causas perdidas, ya estaba divagando.

—Hace un día cojonudo, troncos. ¿Hacen unas milnueves en el parque? Invito yo —dije.

—Dabuten —dijeron al unísono estos dos. Así que pagamos las copas y filamos para la salida.

—Dónde iréis los tres. No tenéis peligro... —dijo la Carmen a modo de despedida y esperando seguramente una de las cachondadas del Pirri.

—Pues no te lo vas a creer, pero viene un helicóptero al parque a recogernos. Nos llevan a Torrejón. Un avión de la fuerza aérea nos lleva a Zaragoza. Hay una conferencia internacional de hostales y han invitado al Zip a dar una charla.

La Carmen tenía un pitillo en la boca. Le dio tal ataque de risa que escupió el cigarro por lo menos dos metros. Casi me da.

—Aaaaaaahhhhhh, jajajajajajajaja... Es que me meo. Yo es que un día me meo toda.

27

Por la tarde, a eso de las siete o así, escuché jaleo. Me asomé a la ventana. Había gente al lado del bar del Julito y el portal del edificio. No hablaban, gritaban. Una mujer mayor salió del portal con una brecha en la cabeza. Sangraba. Creo que era Cecilia, una abuela que vive en el bajo. Luego, salieron unos tipos con botas militares y las cabezas rapadas. Llevaban cadenas y porras. Entraron donde el Julito.

Fui a la cocina, agarré un cuchillo y le dije al Roberto, que se estaba desperezando, que me iba para abajo porque había movida.

—¿Pero dónde vas? —dijo la Pili, que había visto la película desde el balcón de la recepción del hostal, preocupada por el cuchillo que llevaba—. Esa no es tu movida. ¡Tus asuntos están aquí!

¿Llevaba razón? Claro, la Pili siempre lleva razón. Pero ahí estaba Zip, el abogado de problemas sin solución, el amigo de los yonquis, el borracho del barrio que cada día le cogía más el tranquillo a perder.

—No será mi movida, pero como si lo fuera.

—¡Ten cuidado, Zip!

Sí, claro que iba a tener cuidado. A mí con mis achaques, mi edad y mi estado casi de pedo permanente, como me dieran un truco con una porra me mandaban al hospital fijo.

Claro que nadie me había dado vela en ese entierro.

Pero la mujer que había salido con una brecha en la cabeza era mayor que yo. Y lo que yo sabía de ella no era mucho. Pero sí sabía que era del barrio de toda la vida, que siempre había estado currando para sobrevivir. No merecía que unos rapados con pintas de neonazis le abrieran la cabeza. Y por cómo habían entrado en lo del Julito, algo me decía que no iban a repartir propaganda.

Cuando llegué, me encontré al Tijeras tirado en el suelo. Se movía lentamente. Los sobrinos del Araña estaban peleándose con los rapados. Uno de ellos dio un porrazo sobre la mesa de la Carmen. Las cartas del tarot saltaron por los aires. La pitonisa gritó y se echó a llorar. El tipo se fue con la porra y una cadena en alto a por el Pirri, que estaba sentado a una mesa con su novela y su crucigrama. Me acerqué rápidamente por detrás y le clavé el cuchillo en el muslo. El pavo dio un grito. Se volvió y me llamó hijoputa. Cuando iba a atacarme, el Pirri le rompió una silla en toda la cabeza. El neonazi cayó al suelo como un fardo. Después sonaron dos tiros. Los revólveres que estos colgaos mangaron a los guardias de la urbanización del Borjamari se los dieron al Julito para que los guardara, en espera de que el Banderines dijera qué se hacía con ellos. Y el camarero cuyo bate de béisbol era legendario había pegado dos tiros al techo. Restos de escayola cayeron sobre los rapados y los sobrinos del Araña.

—¡Me voy a cagar en vuestra puta raza, pingos! ¡Ya estáis recogiendo a esa basura y ya os estáis yendo por donde habéis venido antes de que me arrepienta y llene de plomo vuestras putas cabezas! —El Julito señaló al neonazi del suelo, que sangraba por la cabeza y por el muslo—. ¡Y como se os ocurra volver por aquí, voy a enterarme de quiénes sois y en dónde vivís, y ese día desearéis no haber nacido!

Su puta madre, el Julito. Si ya acojonaba callado, verlo dando tiros y gritando como Clint Eastwood en *Sin perdón* o en *Infierno de cobardes* era como ver una peli de terror. Aunque también había sonado a Jules Winnfield en *Pulp Fiction* con toda aquella mierda de Ezequiel, 25:17, aquello de «...El camino del hombre recto está por todos lados rodeado por las injusticias de los egoístas y la tiranía de los hombres malos. Bendito sea aquel pastor que, en nombre de la caridad y de la buena voluntad, saque a los débiles del Valle de la Oscuridad...». Los notas fliparon y, ojo, tenían todo el aspecto de que la peña flipara con ellos, no al revés. Entre los cuatro que quedaban en pie recogieron al compañero y se fueron de allí para no volver. Al menos eso esperaba yo.

Automáticamente, nos acercamos a ver cómo estaba el Tijeras. Según nos comentó, le habían dado un fuerte porrazo en el hombro.

—¿Pero estás bien, tronco? —preguntó el Pirri.

—Sí, coño. Duele, pero se pasará.

—Deberíamos ir a un hospital —dije.

—Nada de hospitales —dijo levantándose con nuestra ayuda. Le sentamos en una silla y nos pidió que le hiciéramos el favor de pedirle una copa de whisky. El Julito ya se la estaba poniendo.

—Y vosotros, ¿estáis bien, capullos?

Los sobrinos del Araña estaban fuertes, de gimnasio. Solo tenían magulladuras. El Pirri fue dándoles la mano y haciéndoles carantoñas uno por uno. No dio tiempo a darle las gracias al Julito, que nos había librado de una buena, porque dio un silbido y se puso a dar la charla.

—¡Tú, Zip! ¡Deshazte de eso! ¡Ya! —dijo señalando el cuchillo, que estaba goteando sangre al suelo—. ¡Escuchadme, por si vienen los maderos! ¡Aquí no ha pasado na, ¿me oís?! ¡Na! Hay testigos que han visto entrar a esos nazis en el bar, nada más. Han entrado, se han tomado algo y se han ido. Nada de pipas ni cuchillos. ¿Os habéis enterao? —Todos asentimos—. Tú, ven aquí —le dijo a uno de los sobrinos del Araña—. Toma, llévate esto y lo escondes, y al loro, que te las volveré a pedir.

El chaval salió corriendo del bar con los dos revólveres en una bolsa.

—Tengo un botiquín en el tigre, para quien tenga que curarse alguna herida.

Yo salí detrás del chaval. Fui al hostal y me dirigí al fregadero para limpiar la sangre del cuchillo.

—¡Zip! ¿Qué has hecho? —preguntó la Pili.

—¿Estás bien? —dijo el Roberto.

—Sí, sí, no me ha pasado nada. Y por esto no os preocupéis. He tenido que darle una mojá a un nota. Aunque se lo habría clavado en la puta cabeza, se lo he hincado en el muslo. Saldrá de esta. Ojalá que le quede una cojera de por vida.

—Pero..., pero ¿tú estás bien?

—Que sí, joder.

—¡Pero ese hombre irá a un hospital, y en el hospital darán parte a la Policía, y vendrán a buscarte, y...!

Miré la hoja del cuchillo y el mango: como la patena. Lo coloqué en su sitio y agarré a la Pili por los hombros.

—Mira, esos que había ahí son mala gente. Seguramente no irán al hospital ni a la Policía. Su trabajo, a lo que se dedican, no es legal. Así que no les trae cuenta meterse en jaris con los maderos.

—El Zip lleva razón —aclaró el Roberto—. Esos tienen pinta de ser de una de esas empresas de desokupación que contratan para asustar a los vecinos y que salgan pitando. Lo que significa —dijo mirándome— que ese Borjamari no solo no se ha asustado, sino que se ha enfadado, y que sigue empeñado en comprar el edificio.

—Lo que significa que el Bande no tardará en aparecer —contesté.

Entre los dos, terminamos de calmar a la Pili. El Roberto y yo nos abrimos un par de birras, encendimos unos trujas y nos sentamos frente a la mesa del balcón. La Pili nos acompañó. Los primeros que llegaron fueron los maderos. Después, un par de ambulancias del SUMMA. Claramente, alguien había llamado al 112. Y lo habían hecho porque allí había heridos. No solo la mujer de la brecha. Además, dos mujeres tenían magulladuras. Una tenía un corte en el antebrazo. A la otra la habían sacudido en la espalda. Tenía el vestido roto y se le veía un trazo morado que le iba desde el cuello hasta la mitad de las costillas de la parte izquierda. Los neonazis de los huevos habían actuado cobardemente. Además, sacaron a un abuelo con una raja en mitad de la cara. Sangraba mucho. ¡Putos cabrones de mierda!

—Vaya la movida que han montao —dijo el Roberto.

—Sí. Cabrones. ¿Sabes lo que me habría gustao? Acribillarlos a tiros y después haberlos pateado. Y no soy un tío violento, ¿eh?

—Pues menos mal —dijo la Pili ya más tranqui.

—Es que siempre me han sacado de quicio los abusones. ¿Sabéis?, y yo ya no estoy para grandes jaris. Si me he metido en este es por mi culpa, por no irme de allí en cuanto nos dijeron a este y a mí que ayudáramos en la movida. Pero os voy a decir una cosa. Después de ver esto, en cuanto aparezca el Banderines, me voy a poner a sus putas órdenes, joder.

—¿Y si, después de todo, el tío ese no reacciona? —dijo la Pili. Sabía lo que estaba pasando a grandes rasgos por lo que yo le había contado.

—Pues si no reacciona, que se atenga a las consecuencias. Yo creo que el Bande es muy capaz de cumplir sus amenazas, eso de que la próxima vez no iba a ser como la pantomima del casoplón en la que solo quería demostrarle al nota de lo que era capaz.

—Yo creo que ha ido demasiado lejos —dijo el Roberto—, aunque esto no sea todo lo lejos que pueda llegar a ir el tipejo del fondo buitre. Normalmente no utilizan estos medios violentos si no es estrictamente necesario, ahora ya no. No les trae cuenta ponerse a mal con los vecinos y con los barrios. Prefieren pagar ciertas cantidades a los vecinos para que se vayan de forma pacífica. Pero se ve que lo del asalto al chalé le ha volado la cabeza.

—Sí, parece que ha producido el efecto contrario —dije—. A ver qué ha pensado el Bande. Tengo curiosidad.

—Haced lo que tengáis que hacer —dijo la Pili—. Pero tened cuidado. Ya no sois unos críos. Ni siquiera estáis en forma. Tenéis cada uno un pastillero de cojones. Lo que deberíais hacer es ir al parque. Pero no a beber, coño, deberíais ir a echar pan a las palomas.

—Hombre, Pili, el día que me veas así pégame un tiro, tía —sonrió—. Si está todo en orden, márchate. Que no te echo, ¿eh? Te lo digo por si tienes cosas que hacer.

—Pues mira, voy a echar una mano a mis padres en el bar. Gracias.

—Hale...

Los maderos estaban hablando con los vecinos. Otros habían entrado a lo del Julito. Me imaginaba a estos ahí dentro, fritos a preguntas. Uno de los preceptos de su religión era no decir nunca nada a los maderos. Más tarde aparecieron los inspectores, el Joaquín y el Rupérez. Me imaginé a este último ordenando al Tijeras, al Pirri y a todo cristo que apagaran los cigarrillos porque había que cumplir la ley antitabaco de los huevos.

Vi salir al Botas del portal, con la Lola. Él llevaba sangre en la frente. Entraron en el bar del Julito. Después vino la otra Lola, la novia del Pirri, y un cuarto de hora más tarde apareció la Conchi, la hermana. Aparecieron un par de ambulancias más. Primero se llevaron a la abuela y después al resto de heridos.

El Roberto trajo dos copas de whisky. Allí estábamos los dos, fumando y bebiendo, en un palco desde el que teníamos una visibilidad cojonuda del espectáculo, solo que no era una fiesta. Otros pagaban por balcones para ver las procesiones o los desfiles. Nosotros preferíamos ver la realidad.

—Mira, los de la cadena SER —dijo el Roberto, señalando hacia una furgoneta que acababa de llegar.

—Eso es bueno. Cuanta más publi le den a esto, mejor. Y a la gente le gusta la carnaza.

Abrí la apepé de la SER en el móvil. Faltaba un cuarto de hora para la edición local. No tardaron mucho en aparecer dos emisoras más y una furgoneta de RTVE. Aquello se iba animando. Empezaron a llegar los plumillas. Y después vino gente del sindicato de inquilinos y del movimiento de antidesahucios, todos con sus camisetas. Consiguieron arremolinar a mucha gente, tanto del edificio como del barrio. Gente que bajó a la calle a ver qué pasaba y que, en cuanto se enteraron de que unos neonazis habían venido a pegar a los vecinos, corrieron la voz, y vino más gente. Aquello ya no eran cuatro locos gritando.

Como pensaba, en la edición local, dieron la noticia. Hice una búsqueda en el puto Google, cambiando las cadenas de palabras para la búsqueda, hasta que conseguí dar con unas cuantas reseñas en los medios digitales que ya se estaban haciendo eco de lo que empezaba a ser una pequeña revuelta vecinal. Los maderos intentaron contener la rebelión, pero no pudieron hacer nada. Los vecinos gritaban contra Feldix, contra los fondos buitres, contra la Policía, contra el Ayuntamiento, contra la Comunidad de Madrid y hasta contra el campo del Atleti que nos habían puesto en el barrio sin preguntar. A los pocos minutos gritaban consignas, diciendo nombres de políticos a los que calificaban de hijos de puta, de chulos y de putas, todo muy poético.

—Al final se lía, ¿eh?

—Tenemos tabaco y cerveza —le dije al Roberto—. Y hay cosas en el frigo, por si nos apetece pinchar algo.

Finalmente, llegaron furgonetas de antidisturbios que rodearon la manzana mientras que los guindillas intentaban desviar y regular el tráfico. Con poco éxito, todo hay que decirlo. No había que ser un lince: aquello no tenía buena pinta.

28

La cafetería era gris, como el día, como las aceras, como el asfalto, como los anodinos oficinistas que mojaban el sobao, la tostada o el cruasán en un café con leche tibio, muy lejos del sabor del estándar del café aceptable. El local se llenaba de trabajadores, de transeúntes y de turistas, por lo que los camareros no se esforzaban en ser amables ni simpáticos. Solo esperaban que llegara la hora de irse a casa y volver al día siguiente, como las administrativas, los oficinistas y demás trabajadores de un entorno laboral deprimente.

—¿Qué le pasa? Nunca antes le había visto así.

—Es que nunca antes le habían presionado de esta manera. Tu padre ha librado muchas batallas, pero nadie nunca le había extorsionado de esta forma.

Feldix disponía de cafetería propia. Pero, tras una reunión, Cayetano Aguado y Ramiro Vadillo habían decidido salir a estirar las piernas para seguir hablando. El gerente conocía al padre mejor que el hijo. Llevaban demasiado tiempo juntos.

—La teoría de hablar con los vecinos e incluso ayudarles dándoles dinero…

—Lo de ser la madre Teresa de Calcuta con los vecinos sigue en pie. Lo que no quita adoptar medidas extraordinarias en una situación extraordinaria. Quienes quiera que sean esos tipos tienen que ver que movemos ficha. Lo de ayer simplemente fue un aviso.

—Pues no salió muy bien que digamos.

—Digamos que fue un empate técnico. Subestimaron a la gente de ese bar del edificio. Por lo que nos han dicho, son tipos duros. Es normal. Canillejas siempre fue un barrio obrero, un barrio en el que pegaron fuerte el paro y las drogas.

—Me preocupa la seguridad de mi padre.

—Por eso le hemos puesto protección. No te preocupes. Tu padre también es duro. Y con los escoltas será difícil que intenten algo.

—¿Por qué lo sabes?

—Porque somos los poderosos. Somos los tipos que al final ganan siempre. Tú deberías saberlo. En este negocio no se crece cediendo a los chantajes o arrugándote ante las extorsiones. Si te golpean, golpeas más fuerte.

—¿Qué crees que harán esos tipos ahora?

—Probablemente no hagan nada. Sería lo más inteligente por su parte.

—Pues yo no estoy tan seguro.

—¿Por qué lo dices?

—No lo sé. Algo me dice que volveremos a tener problemas. Llámalo sexto sentido.

—Desde luego, nadie puede saberlo. Pero si golpean responderemos. Escucha, nadie puede impedirnos comprar ese edificio.

—Legalmente no. Pero estos tíos no son policías ni jueces que tengan que atenerse a unas normas.

—También nosotros podemos jugar sucio. Y créeme, no tienen más capacidad de actuar que nosotros. Seguramente son vecinos cabreados.

—No sabemos una mierda, ¿verdad?

—Eso no es del todo cierto. Tenemos detectives husmeando por ahí. Solo es cuestión de juntar las piezas. Y tarde o temprano el rompecabezas se completará.

—Necesito creerte. Pero no sé por qué, me cuesta.

—Pues ve tomando nota. Un día todos los asuntos de tu padre serán tus asuntos. De hecho, ya empiezan a serlo. Más pronto que tarde serás tú el que tome las decisiones. Tendrás tu equipo. Elige bien. Te aseguro que esto no es fácil. Aprende. La mayor parte de este oficio se aprende día a día. Y tu padre es un gran maestro.

Cayetano miró por el ventanal del bar. Reflexionó mientras empezaba a caer una lluvia fina. Observó a la gente. Caminaban mirando el suelo o su teléfono móvil. Estos últimos tenían un instinto especial para no chocar con la gente de alrededor. A esas horas la densidad de personas por las aceras era grande. Pensó en su padre. Pensó en su mujer. Y pensó en su hija.

Más tarde, el gerente de Feldix se encerró en su despacho y estuvo dos horas estudiando el contrato que le había traído Iker, el abogado misterioso. Después de hacer algunas llamadas no vio ninguna fisura, así que pensó que era un negocio que bien podría llevar Cayetano. Le dijo a Marisa que le llamara para que pasara por su despacho. Cuando lo tuvo frente a él, le contó algunas cosas y le explicó que para que todo funcione a veces había que relacionarse con gente que cometía actos no del todo legales, por decirlo de forma suave. Que Feldix y otras corporaciones respetables también cometían esos actos de los que extraían beneficios extra muy suculentos que permitían hacer otras operaciones grandes, estas legales que, de otra forma, ni se podría pensar en acometer.

—¿Me sigues?

—Sí, claro, no nací ayer.

Le contó lo de Iker, el abogado.

—He hablado con tu padre. Hemos aceptado el contrato de la construcción de ese parque y queremos que lo lleves tú. Ponte en contacto con Argüelles-Sanjuan, el director de la división de Infraestructuras. ¿Lo conoces?

—Sí, claro.

—Ejecutaremos el proyecto bajo tu supervisión.

—Está bien, ¿para cuándo tenéis previsto hacerlo?

—Cuanto antes, mejor.

Por la tarde, a eso de las seis, el gerente de Feldix decidió tomarse un respiro. Se marchó a una cafetería de su propiedad que tenía en la calle Doctor Esquerdo y el encargado, como hacía habitualmente, le sirvió un whisky que no estaba a la venta porque nadie en sus cabales lo habría pagado. Permaneció sentado un rato reflexionando sobre la empresa, sobre las amenazas a Borja María, sobre la promoción de Cayetano, si estaría a la altura. El encargado le volvió a llenar el vaso. Abandonó la barra y se dirigió hacia una puerta en la planta baja en la que había un rótulo que decía «Privado». A través de ella accedió a una sala en la que había varias mesas sobre las que se jugaba al póquer. Aparte de las barajas de cartas y las bebidas había grandes cantidades de fichas. También había mesas en las que se jugaba al blackjack, al bacará, a los dados, a la ruleta y a la Rueda Big Six.

Se acercó a la cabina donde se intercambiaban fichas por dinero y se dirigió al encargado.

—¿Cómo va la tarde, Marcelo?

—Muy bien, jefe, como siempre. La banca siempre gana, ya sabe.

Ramiro Vadillo palmeó la espalda de su encargado.

—Sí, en eso se basa este negocio.

—Jefe, hay un pesado que me dice que le fíe.

—¿Quién es?

—El de siempre. —Y señaló a Zósimo Trósimo Soprano.

—¿Cuánto quiere?

—Me ha pedido cinco mil euros.

—Dame diez mil. Yo mismo se los daré. Servidle las bebidas que quiera. Ah, Marcelo. Cuando lo pierda todo, que alguien le lleve al hotel, este que tenemos en Ventas. Y que le acompañe una de nuestras chicas, ya sabes.

Ramiro Vadillo se acercó a Zósimo y le hizo entrega de las fichas palmeándole la espalda.

—Muchas gracias, señor Vadillo. Se lo devolveré. Me da que voy a tener suerte.

—Claro, muchacho, claro. Oye, tenemos que acelerar la venta, ¿eh?

—En cuanto usted me diga llamo a mi gestoría.

—Pronto, muchacho, muy pronto.

29

El día había amanecido gris, lo cual era raro después de la racha que llevábamos de días soleados, sin lluvia, sin viento. La atmósfera olía a gasoil. Siempre. Sin embargo, ahora olía a gasoil húmedo, un matiz leve, pero importante. Quizás el clima había decidido unirse en una triste simbiosis con el estado de ánimo que imperaba en el barrio.

Anoche, el asunto se fue de las manos. Cada vez más personas, gente del barrio, gritaron, protestando por la injusticia de que un fondo buitre quisiera comprar el edificio y echar a los vecinos. Además, habían enviado a unos tipos armados de porras y cadenas para pegar y amedrentar a la gente y eso era inadmisible. Los antidisturbios, finalmente, recibieron la orden de intervenir con los medios habituales: botes de humo, pelotas de goma y porrazos. Al Botas se lo llevaron al hospital con la cabeza abierta. No fue el único. Lo bueno fue que se formó tal pifostio que terminaron por venir más periodistas y más medios de comunicación.

Empezó a llover (¡aleluya!) cuando me dispuse a desayunar, mirando las noticias en los periódicos digitales mientras escuchaba la radio, y tenía también la televisión puesta. Cuando daban imágenes en la tele, apagaba la radio. Cuando seguían con la guerra de Ucrania, el genocidio de Gaza o la corrupción de los políticos que se habían llenado los bolsillos con las comisiones de las mascarillas en la pandemia, volvía a poner la radio. La cosa estaba entretenida. Haciendo un análisis así, con los primeros sorbos del copazo de whisky matutino, la conclusión era que al Borjamari le había salido el tiro por la culata con lo de los rapados, aunque la sangre la hubieran puesto los de siempre, los más desfavorecidos, es decir, los vecinos amenazados con un desahucio forzoso.

Encendí un cigarro y me asomé a la ventana. El panorama era desolador. Los operarios de limpieza de la empresa concesionaria del Ayuntamiento, que sería de algún amiguete o primo del alcalde, limpiaban con más ahínco que nunca, probablemente porque los encargados les iban echando el aliento en la nuca. Había minicamiones con remolques que iban retirando todo tipo de basura: restos de material antidisturbios, palos, piedras, ladrillos y todo tipo de objetos que los vecinos habían arrojado a la Policía desde las ventanas, básicamente verduras, frutas maduras y bolsas de basura. Ese día se evitaron bajarlas. Fue mucho más práctico arrojárselas a los maderos. Y más cómodo, dónde iba a parar.

El Roberto apareció con una copa y se quedó parado escuchando la radio. Encendió un pitillo del paquete de Marlboro que había en la mesa y expulsó el humo de forma parsimoniosa, asintiendo, después de darme un «buenos días» nebuloso, etéreo. Todo un poeta el Roberto.

—Esto es bueno para los vecinos —dijo.

—Sí que lo es. Los periódicos también vienen buenos.

La radio cambió a los deportes. El presidente de la federación de fútbol seguía en República Dominicana, viviendo en una urbanización parecida a la del Borjamari, solo que rodeado de mulatas y mojitos. En un partido del día anterior, toda una grada había llamado mono a un jugador negro del otro equipo. Ah, y en un rally, un piloto que había dado positivo en farlopa se había llevado por delante a parte del público en una curva.

—Habrá que bajar a ver qué pasa —dije.

—Nos tomamos la copa y vamos.

—Dabuten.

Al cabo de un cuarto de hora entramos por la puerta del Julito. Él y la Carmen estaban barriendo, intentando adecentar un tugurio que jamás sería decente. Y por mucho tiempo, coño, que para que el Borjamari comprara un bar y pusiera un Burger King ojalá pasaran años. A poder ser, que fuera cuando yo la palmara.

La Carmen vino y me dio un beso.

—Fuiste muy valiente anoche —me dijo.

Yo flipé. ¿Valiente? Había apuñalado a un nota en el muslo por detrás. Vale que era un hijoputa, pero no creo que mi acción fuera heroica. Si acaso, de lo que pequé fue de imprudente, porque esos rapados son profesionales y la cosa podría haber acabado de otra forma.

Pedí dos de chinchón. El Julito abandonó el cepillo, como si dejara huérfana a una pareja de baile, y se puso tras la barra.

—¿Qué tal anoche? Lo de fuera lo vi desde el hostal, pero vi entrar a los maderos.

—Una mierda, tronco. Esos dos inspectores interrogaron a todo el mundo. Todos dijimos lo mismo, que esos hijoputas habían entrao aquí y habían empezado a pegar a la peña, no lo pudimos esconder, ¿sabes? Y que, claro, tuvimos que defendernos. Nada de revólveres ni de tu cuchillo, claro.

—Fuera se lio parda.

—Y dentro. Tenía que haber cerrado en cuanto vi el percal, pero no lo hice. En cuanto los maderos se liaron a repartir cera, esto se llenó de gente. Y a ver qué iba a hacer yo. Hasta se colaron pelotas de goma y botes de humo. Mira.

Los había puesto en un anaquel, de exposición, como si quedaran ahí para dar testimonio de lo que pasó.

—¿Sabes algo del Botas?

—Está en su keli. Le dieron puntos y le hicieron un TAC. Está bien.

Me acerqué hasta la mesa que había elegido el Roberto y me senté con él. Encendimos un par de trujas y contemplamos cómo la Carmen y el Julito seguían limpiando. Echaban la mugre en dos grandes bolsas de basura. Tardaron todavía un rato en retirar todo tipo de mierdas. La Carmen recogió hasta un condón usado. Olía como si hubiera cagado un camionero y hubiesen echado ambientador.

—¡Qué asco, por Dios!

—Aquí no folló nadie, que yo sepa —contestó el Julito con los brazos extendidos.

Cuando empezaron con las fregonas, entró el Pirri, con su novela y su librito de crucigramas. Poco a poco empezó a oler a amoníaco, a desinfectante y a tristeza, ese olor no se iba nunca.

—Hola, guapo —le saludó la Carmen.

—*Madame, enchanté...*

—Jajajajaja...

—Qué hay, troncos.

—Eh... —yo

—... —el Roberto.

—Qué loca que está esta piba. Porque yo, vale, me he metido de todo y soy un alcohólico, es normal que esté tarao. Pero esta yo creo que no se mete na y está como una jodida regadera.

—Y quién no... ¿Mucha vara ayer los maderos? —pregunté.

—Na, lo normal.

—¿Pusisteis denuncia? —preguntó el Roberto.

—Qué va. Aquí no somos de denunciar. Los maderos y los jueces cuanto más lejos...

—¿Qué tal el golpe del Tijeras?

—Le dolía un poco, pero no tiene nada roto. Eso con un poco de Reflex se arregla.

El Julito no solía poner música. Entre otras cosas porque eso no era un bar de música. Era un bar de borrachos, de decadencia. Pero la música subía el ánimo. Al menos eso dijo el Julito.

—Vamos a alegrarnos un poco el día, coño.

Si no ponía música, también se debía a que tenía un radiocasete antiguo de doble pletina que funcionaba cuando le daba la gana. Metió una cinta, le dio al *play* y no ocurrió nada. Así que le metió una hostia con la mano abierta y empezaron a sonar los primeros compases de «Este Madrid». Joder, hacía que no escuchaba a Leño un huevo.

El Tijeras entró con un careto de funeral que era para verlo. Pidió un copazo, sorprendido por la música. No había nadie más en el bar. Solo nosotros, la pitonisa y el Julito. Se acercó a la mesa y se sentó. Olía a Reflex que te pasas.

—Qué tal, colegas.

—Eh...

—Eh...

—Eh...

—¿Qué tal eso? —preguntó el Pirri.

—Ahí va. Duele más que ayer. Suele pasar, no es la primera hostia que me dan. Duele más cuando se enfría. Pero en unos días estaré nuevo. Peor parte se llevó el Botas. Y el hijoputa al que le metiste la mojá, tronco.

Puso la mano en alto. Se la palmeé.

—Hacía mucho que no nos veíamos en un jari parecido —dijo el Tijeras.

—En este barrio, qué esperas, tronco. Siempre es lo mismo. Y cuando parece que las aguas han vuelto a su cauce, llega algún hijoputa y pone todo patas arriba. Es ley de vida. —El Pirri sabía filosofar. No era el Perla, que en paz descanse, pero de labia iba fino.

—Qué me vas a contar —dijo el Tijeras con el ánimo de una ballena varada en una playa llena de turistas haciéndole fotos con sus teléfonos móviles.

Estuvimos un rato más allí, bebiendo y fumando, escuchando a Leño.

... No hagas caso a esta canción, pues todo es mentira
lo que falta es un buen bidón
de aire puro y natural, y de cerveza
de tocino, y de salchichón...

Primero llegaron los sobrinos del Araña. Saludaron vagamente. Había que reconocerles a los chavalitos que habían sido quienes se habían enfrentado más cara a cara a los rapados hasta que el Julito disparó al techo.

Media hora más tarde apareció el Botas con un vendaje aparatoso en la cabeza. Nos saludó y todos le preguntamos por la herida.

—La herida está bien, no es na. Lo que no está bien es el percal. Se ve que el hijoputa este no se ha acojonao. Los cabrones de ayer, al parecer, son de una empresa que se dedica a desalojar vecinos molestos o drogadictos de una zona pureta o maricas de la puerta de un cine que no quieren que sea de maricas. Viven de eso. Está clarinete que los ha contratado el Borjamari.

Luego nos dio la noticia que todos estábamos esperando.

—El Banderines quiere vernos. Pero no aquí. Esto ya no es seguro. ¿Conocéis el garito del Nemesio?

—El del tío del Charli, ¿no? —preguntó el Tijeras.
—El mismo. Esta tarde a las siete.
Y siguió sonando Leño.

Dónde vas a ir
si no sabes nada tuyo.
Qué va a ser de ti
cuando dejes este mundo.
Buscarás perdido
un lugar tranquilo;
hallarás oscuro,
frialdad castigo.

Y más apropiado no podía ser.

30

Sí, bro, sí, lo del otro día fue la hostia porque empecé a escuchar gritos y ruidos y no sabía lo que pasaba, ¿sabes? Pero es de estas cosas que te da mala espina, no sé cómo decirte, y según están las cosas agarré un cuchillo por lo que pudiera pasar. Esos hijoputas empezaron a aporrear la puerta, pero no creas que con el puño, no, porque daban patadas los cabrones que creí que la iban a arrancar del marco, y antes de que la jodieran abrí y a uno le rajé toda la palma de la mano que sangraba como un gorrino, ¡que se joda! Después de eso, las mariconas se fueron para arriba y yo me quedé con el cuchillo ahí, to pasmao, pero después cogí la tranca de detrás de la puerta. Luego subieron tres más que venían del bajo, uno de ellos con un huevo en la cabeza chorreando sangre que luego me enteré que se lo había hecho el José Heredia, el gitano, bro, jajajaja.

Lo malo es que las mariconas pegaron a la señora Cecilia, la del bajo C, y ahí es cuando entró el gitano con el hierro para intentar ahuyentar a los rapados, bro, qué pena. La señora Cecilia vive con la señora Maruja, son hermanas, y vinieron hace la pila de años de un pueblo de Badajoz. Menudos moñas pegar a dos abuelas que una es casi ciega y la otra está medio sorda. Hay que ser cobarde, bro, para pegar a una abuela que va con andador.

Los notas entraron arrasando y les daba igual ocho que ochenta. Y yo allí, bro, por si venían más, hasta que me cosqué que la puerta de mis vecinos Mochi y Pablete estaba ardiendo, así que entré en mi keli y llené un cubo de agua, pero aquello ardía y tuve que llenar el cubo tres, cuatro o yo qué sé las veces, hasta que apagué aquello y la puerta se quedó hecha una pena. Olía a gasolina. Menos mal que ellos no estaban, por lo menos no se llevaron el susto, porque estos tienen ya unos setenta tacos. Estaban currando, después hablé con ellos. Se lo hacen de mimos en la plaza Mayor y en la Puerta del Sol, ¿sabes? Son pareja, aunque ellos no han dicho nunca nada. La gente les llama maricas viejas. La gente es mala, bro, te lo digo yo.

Al cabo de un rato bajaron todos en tromba y yo subí para arriba y me encontré al Botas con una raja en la cabeza, menudo panorama, bro. De Aquel Culo, la piba esa que es puta, ni rastro. Por lo menos no le habían quemado la puerta. La Carmen, del tercero B, curra de pitonisa en el bar del Julito, así que nada. El Picana y el Trepa debían de estar cantando por La Latina. Al Benito casi le arrancan la puerta, pero no llegó la sangre al río, bro. Al Bonico sí que le ligaron porque al abuelo no se le ocurrió otra cosa que salir con un cuchillo, pero de esos de punta redonda de untar la mantequilla, ¿sabes cómo te digo? Y, claro, le dieron un empujón y le patearon, al pobre. Y después vinieron ambulancias para atender a todos.

Pero es que luego los cabrones entraron al bar, bro. Por lo visto, jodieron al Tijeras y el colgao del Zip apuñaló a uno en la pierna. Ah, y el Julito acabó a tiros que se escucharon en todo el portal. Y vinieron los maderos, pero ninguno denunciamos. Los maderos flipaban, jajajaja..., es que me parto el pecho. Y no dijimos nada de los tiros, claro. Sí que les dijimos que nos habían atacado cabezas rapadas, eso sí. Pero nada más. Había un madero alto que antes de irse todavía decía: «Pero ¿de verdad que no quieren denunciar?». Y nadie dijo na, y el madero se quedó con un careto de pasmarote que flipas, bro, jajaja...

31

El Nemesio es un tipo que regenta un bar en Canillejas desde hace más años de los que puede recordar, aquellos años en que los bares se llenaban bien temprano de obreros que consumían carajillos, anís, coñac o sol y sombra; aquellos de pitillos y escupitajos; aquellos de esparcir serrín y pasar la escoba entre cáscaras de cacahuetes y gambas. El bar Nemesio es ahora un bar de mala muerte que al principio estuvo situado en el campo y poco a poco se vio rodeado de edificios de pisos minúsculos y de las cocheras del metro. Dicen que antes de que el Nemesio naciera fue incluso fonda de arrieros y parada de caravanas. Puede que nos encontremos ante un monumento digno de ser parte del Patrimonio Nacional, pero eso en Canillejas ni se lo plantean. El bar tiene un patio bastante amplio que en verano se utiliza como terraza y en invierno como almacén.

El Roberto y yo llegamos los primeros y nos pedimos unos tercios de Mahou. Al rato, llegaron el Tijeras y el Pirri y, a renglón seguido, el Botas. Todos pidieron birras. El Banderines llegó cinco minutos después. Dio la mano al Nemesio, un abuelete renegrido al que le faltaban varios dientes. Pidió también una birra y le preguntó al Botas por la herida. Después nos dijo que lo siguiéramos. Nos llevó hasta el patio. Hoy llevaba un chubasquero, vaqueros y unos zapatos del tipo Fluchos. Su porte era el mismo de siempre, una apariencia del que sabe que tiene las de ganar aunque tenga las de perder desde antes de nacer. Pero el optimismo le venía de serie al cabronazo, aunque hubiera perdido algunas batallas.

El patio parecía un estercolero. La temporada de terraza todavía no había comenzado. Había botellas de cerveza, garrafas de vino y de vermú, y muchas garrafas de aceite de oliva virgen extra. Aquello olía a trapicheo que tiraba para atrás.

El rato de formulismos, de encender cigarros, de aclararnos las voces y de gilipolleces varias no duró mucho. El Bande empezó diciendo que el tipo no había claudicado. Todavía.

—Yo te aseguro que cuando le advertimos en el chalé se le veía acojonao —dijo el Botas.

—Seguro. No era para menos. Estaban a vuestra disposición. Pero una cosa es en caliente y otra en frío. Lo bueno es que está nervioso. Y cuando se está nervioso se cometen errores. Pasar de intentar negociar con los vecinos pacíficamente a contratar a una empresa para ir a pegarlos ha sido el primero de ellos. Se impone otra acción para ver si el pavo entra en razón.

—¿Qué has pensao? —preguntó el Tijeras.

—Su hijo mayor se llama Cayetano. Y tiene una hija que, cómo no, se llama Cayetana. Caye para los amigos. Tiene cuatro años y medio. Es el ojito derecho del Borjamari. Mirad, parece un angelito.

Efectivamente. El Bande nos pasó una foto y la niña era rubia, con bucles y con una cara risueña salpicada de algunas pecas en las mejillas. La fotografía fue rulando.

—La llevan todas las mañanas a un colegio. Lo hace la propia madre, en su coche, un Mercedes EQA, de esos todoterrenos, color rojo metalizado. Esta es la pava. Y el coche.

Nos pasó fotos de la mujer y del buga. Parecían hechos la una para el otro. La piba era elegante, esbelta, rubia y alta. Tenía pinta de alemana o de sueca.

—Vamos a llevarnos a la niña, a la salida.

—¿Un secuestro? —preguntó el Roberto.

—Si quieres llamarlo así...

—Lo digo porque dependiendo de la duración, por un delito de secuestro te pueden caer hasta diez años —dijo el Roberto.

—Lo sé, abogado —contestó el Banderines sonriendo—. A ver, sé que esto se sale de madre. Pero a este tipo no lo vamos a amilanar de otra forma. Las acciones que os he propuesto, como habéis visto, han ido aumentando el grado de dramatismo, por decirlo de alguna manera. Y no hay otra. Sois vosotros quienes habéis ido a buscarme. Pero comprenderé que no queráis participar. Yo me iría y tan amigos. Pensadlo un momento. Voy a pedir una ronda al Nemesio.

El Bande desapareció del patio y nosotros nos quedamos allí mirándonos.

—Yo sigo —dijo el Botas—. Pero es que yo soy parte interesada. Vivo en el edificio.

—Yo también —contestó el Pirri—. ¿Y tú, Tije?

—A mí ya sabéis que no me gusta que vengan al barrio a chulearme a mí o a mis colegas.

Ya solo quedábamos el Roberto y yo, los que menos teníamos que ver con la historia. Claro que, a mí, como al Tijeras, como a todos los que estábamos allí, no nos gustaba que nos tocaran los huevos. Y no me había gustado nada lo que había visto la noche anterior. Ya era una cuestión de ¿honor? Yo no tenía de eso, pero me quedaba algo muy parecido que no sé cómo llamar. A lo mejor tozudez, cabezonería o simplemente mala hostia.

—Yo nunca haría daño a una chiquilla —dijo el Roberto.

—Y no vamos a hacerle daño —contestó el Banderines de vuelta—. No somos asesinos de niñas. La cría, siendo de la estirpe que es, de mayor será una hija de puta. ¿Alguna vez habéis tenido la fantasía de viajar en el tiempo y ahogar en la bañera al bebé Adolfito Hitler? ¿O al bebé Joselín Stalin, o al bebé Augustito Pinochet? ¿O al bebé Vladimirín Putin o al bebé Benjaminín Netanyahu? Yo tengo esas fantasías cada día. Pero para vuestra tranquilidad, no vamos a hacerle nada a esa niña. Al contrario, la vamos a tratar de puta madre.

—¿Y si el pavo no traga? —pregunté.

—Tragará. Es su ojito derecho. Además, os digo una cosa, colegas. Lo chungo de un secuestro es el momento del pago del rescate. Y aquí no hay rescate. Cuando consigamos lo que queremos, soltamos a la cría en cualquier parte y listo.

—¿Y cómo sabremos si este cabrón cumplirá con su palabra? Porque, vale, el tipo puede decir que sí. Soltamos a la cría. ¿Y si luego compra el edificio?

—Pues entonces le corto los huevos. No, joder, el abogado lleva razón —dijo el Bande, mirando a todos—. No podemos saberlo. He pensado en exigirle que haga una declaración en los medios. Pero ni aun así podremos estar seguros de que no compre el edificio. Si eso pasara, pasaríamos a hacer otra acción todavía más drástica. Tendría que ser muy estúpido para seguir adelante. Por muy dueño de su mundo que se crea. La sangre es la sangre, y más para esa gentuza.

—Ojalá lleves razón. —El Botas dio una calada a su cigarro y miró la pared de enfrente.

—Yo me apunto —dije.

—Yo tengo poco que perder. No estoy acostumbrado a estas movidas. Pero me fío bastante de ti. Y la causa es justa —dijo el Roberto.

—Gracias, colegas —dijo el Botas.

—Tú esta vez te quedas fuera, tronco. No puedes ir por ahí con ese huevo y esas vendas en la cabeza. Cualquiera te reconocería.

El Botas arrugó el morro, pero el Bande llevaba razón. Daría el cante allá por donde fuera.

—Es mejor hacerlo a la salida —continuó diciendo el Bande—. La entrada es más escalonada. A la salida hay mogollón de padres y madres esperando, hablando entre ellos, y cuando salen sus niñitos solo tienen ojos para ellos. Escuchadme bien. He pensado en tres tíos y dos tías. Un tío en una furgoneta, con el motor en marcha. Cuando salga la niña y se acerque a la madre, otro se acerca y le mete con la táser. Agarra a la niña y se la lleva en brazos, sin correr, mientras el tercer tipo del equipo vigila a media distancia para controlar cualquier contratiempo. Os llevaréis los dos revólveres por si acaso, lo normal es que no haya que utilizarlos. Las dos pibas del equipo estarán a ambos lados de la madre. No la dejarán caer al suelo. La cogerán y la depositarán en él y empezarán a gritar cosas como «¡Se ha desmayado, se ha desmayado!», «¿Hay algún médico?» y «¡Que alguien llame a una ambulancia», todo en plan muy dramático. La cuestión es llamar la atención de la peña sobre la madre, mientras el que sea que se lleve a la niña se escaquee con ella hacia la furgoneta.

—¿Tú crees que funcionará? —preguntó el Tijeras.

—Seguro no hay nada, tronco. A lo mejor estoy flipando, pero según yo lo veo, hay muchas posibilidades de que funcione. Hay que hacerlo bien, eso sí. No pueden veros cómo enchufáis a la piba con la táser, eso está claro, porque entonces lo del desmayo no colará. La peña es imprevisible. El otro día robaron una joyería dos pringaos en un pueblo de Sevilla. No cuidaron los detalles y la gente se les echó encima. Los tumbaron en el suelo y hasta los patearon. Luego los retuvieron hasta que llegaron los maderos. Es muy difícil saber cómo va a reaccionar la gente. Debéis aplicar la táser por detrás y el que lo haga debe taparla con su cuerpo.

—Lo que no acabo de ver es lo de llevarse a la niña —dijo el Roberto—. Seguro que todos esos padres se conocen. En cuanto vean que un tipo encapuchado con gafas de sol se lleva a la niña, lo mismo se van a por él.

—Puede ser. Por eso necesito a un tercer tipo que esté atento a todo lo que se mueve. Por eso digo que tendréis que llevar los revólveres. Si la cosa se pone chunga, un par de tiros al aire acojonan mucho. A lo mejor, en Los Ángeles o en Nueva York en donde las armas están a la orden del día no, pero aquí sí. Además, la distancia desde la salida del cole a la acera en donde aparcan los vehículos no es mucha. Por cierto, sería mejor que aparcarais en doble fila, aunque haya sitio, no vaya a llegar un capullo y os cierre. Que alguien traiga otra ronda.

—Ya voy yo —dijo el Botas.

El Bande hizo otra de sus pausas dramáticas. El cabronazo se encendió un cigarrillo, pero yo vi cómo mientras lo hacía nos escudriñaba a todos, estudiando nuestros caretos, atendiendo a nuestras reacciones gestuales. El Botas volvió con una ronda de tercios. El Nemesio trajo un plato de chistorra frita que olía de la hostia. Era un milagro que se tuviera en pie, se tambaleaba y subía más una cadera que la otra al caminar.

—¿Tenéis alguna duda más? Es el momento de las preguntas.

—¿Dónde llevamos a la mocosa? —preguntó el Pirri.

—Ahora voy con eso. Me refiero al procedimiento de pillar a la niña. ¿Todo claro?

Allí nadie dijo nada. Pillé una chistorra y me quemé todos los morros por hambrón. Eché un trago de birra. Los demás callaron.

—Muy bien. Hay un sitio, cerca de Ávila. Es una casa rural. Está alejada. Es mía. Pero está puesta a nombre de un testaferro. Este testaferro vive allí con su mujer. La casa les sale gratis. También la comida, la luz, todo. Y además les pago. Solo tienen que atender a los clientes. Es un matrimonio mayor y, claro, besan por donde piso. Les echaron de su casa. Una movida muy parecida a esta, un puto desahucio. Por cierto, de Feldix, aquí en Madrid. He hablado con ellos de que va a ir una pareja con una niña. Por cierto, ¿a qué pibas tenéis? Tienen que ser de confianza no, de mucha confianza.

—Lola lo hará —dijo el Botas.

—No sé si mi hermana o Lola, mi piba… —susurró el Pirri.

—¿Cuántos tacos tienen?

Al decirle la edad, el Banderines dijo que le diría al matrimonio que atendía la casa que la niña era la nieta de una de las chicas de la pareja.

—¿No corremos el riesgo de que reconozcan a la niña? —pregunté.

—Después del secuestro hay dos escenarios. Que la noticia se filtre a la prensa, en cuyo caso la foto de la niña estará a todas horas en la tele. O que no se filtre. Yo se lo voy a exigir al Borjamari, pero a saber. Si estamos en el segundo escenario no habrá problema. Si estamos en el primero, Alberto y Rosa no son tontos, pero no hablarán. Saben quién soy yo y a qué me dedico. Los salvé de ir a la calle. No hablarán.

—¿De qué los conoces? —preguntó el Roberto.

—Rosa es hermana de mi madre. Es más joven. ¿Algo más?

La chistorra desapareció del plato. La cerveza iba bajando el nivel en todos los tercios. El cenicero se iba llenando. La adrenalina y la expectación por la última propuesta del Banderines envolvían una atmósfera de la que emanaba un peligro terminal, como terminal era la situación del edificio del bar del Julito. Se fueron ultimando los detalles. Y finalmente se decidió que los tipos que formarían el equipo serían el Pirri, el Tijeras y yo. Zip, el periodista frustrado, el borracho irredento, el amigo de los expolitoxicómanos y de los sintecho. La fecha sería dentro de dos días.

La reunión terminó. Tomamos la penúltima en lo del Julito. Y, finalmente, el Roberto y yo tomamos un menú en La Despensa de patatas con costilla y ensaladilla rusa para llevar, para la cena. Brindamos con ribera del Duero.

Un secuestro. Un secuestro de una niña. Joder. Volvimos a brindar con la última copa. Y a mí me dio por pensar en que si nos cogían nos íbamos para el trullo. Yo había estado muchas veces en la cárcel. Pero para entrevistar al Chule, primero como periodista y después como colega. A ver si ahora, a la vejez viruelas, resulta que iba a tener una celda con un compañero violador o psicópata asesino de los huevos. Me vino una pregunta a la cabeza. ¿Me dejarían tener mi pastillero en la trena? ¿Te lo repondrían cuando se acabaran las pirulas? Ya estaba pedo. Y cuando estás pedo, lo mejor es dormir la mona.

32

En la sala de juntas de Feldix había un espejo, en la pared contraria a los ventanales. Detrás del mismo se ubicaba una habitación desde la que se podía observar la sala a través del espejo, que en la estancia era un cristal normal y corriente, similar a los que tienen en todas las comisarías. En la sala se encontraban Cayetano Aguado, Ramiro Vadillo, Mario Yunta, que finalmente no había sido relevado de sus labores de jefe de seguridad, Carlos Barrantes, gerente de una empresa que resolvía problemas, y Mateo Conte, en representación de la agencia de detectives AIRIS World.

Borja María Aguado y su amigo Pedro Ugarte observaban tras el cristal la sala de juntas. El gerente y el director de seguridad hablaban entre ellos. Cayetano miraba su teléfono móvil. Mateo Conte pasaba con rapidez el dedo por la superficie de su *tablet*, mientras que Barrantes miraba alternativamente a unos y a otros. Parecía nervioso.

—¿Sabéis algo? —preguntó el empresario.

—Poca cosa —respondió el director de la Guardia Civil—. Estamos investigando a un tipo, un vecino. Es el cabecilla en las protestas y en las manifestaciones. Le apodan *el Botas*. Tendrá unos sesenta años, exheroinómano, con antecedentes. Hizo atracos a mano armada en los ochenta.

—¿Es el que está detrás de esto?

—No lo sé. Desde luego, es un candidato, pero hay algo que no encaja. No creo que él pudiera burlar la seguridad de tu urbanización y de tu casa. Es albañil. El tipo, de repente, conoció a la que hoy es su mujer y lo dejó todo.

—No me jodas. ¿Por amor?

—Llámalo como quieras. Es escurridizo. Solo se pudieron probar en su día delitos menores. Nunca estuvo en la cárcel. Seguiremos tirando de ese hilo a ver si averiguamos algo. Estoy en contacto permanente con la directora de la Policía Nacional. Nos conocemos bien. Me debe favores.

—Parece mentira lo que me está pasando.

—Te entiendo. Y no estás acostumbrado, ¿verdad?

El gerente de Feldix lo miró como si el militar fuera un ratón y él un águila ratonera.

—¡Pues no, joder! ¡No estoy acostumbrado! ¡Remueve Roma con Santiago, pero averigua quién está detrás de todo esto!

Ahora fue Pedro Ugarte quien miró al empresario con sorpresa.

—Oye... Mira, lo siento. Sé que me estás ayudando por nuestra amistad. No tengo derecho a...

—Está bien, no te preocupes. Ya te he dicho que te entiendo. Vamos a arreglar esto. De una manera o de otra.

Pedro Ugarte miró a través del cristal y señaló a Carlos Barrantes.

—Ten cuidado con ese tipo. No es trigo limpio. Y no es tonto. Tiene dos carreras y dicen que habla varios idiomas. Pero es violento, cualidad que le viene como anillo al dedo para dirigir su empresa y hacer sus chanchullos. Lo han vinculado a grupos ultras de equipos de fútbol y a varias organizaciones de ultraderecha.

—Ya lo sé. Los suyos ya han visitado el edificio y...

—Lo sé. Hicieron una chapuza. Mateo es otra cosa, por eso te he recomendado su agencia. Son discretos, pero cuentan con gente dispuesta a todo por dinero. Gente parecida a los secuaces de Barrantes, pero más profesionales. ¿Qué planes tienes?

—¿Que qué planes tengo? ¿Es que no me conoces?

—Aun así, quiero que me digas lo que vas a hacer.

—Voy a comprar ese edificio y voy a encontrar a los cabrones que quieren impedirlo.

—Ya lo hemos hablado, pero quiero ser claro. Si los encuentras antes que nosotros me llamas inmediatamente. No quiero que hagas ninguna tontería.

El dueño de Feldix miró al suelo, después sus ojos atravesaron el cristal y se posaron en el rostro de su hijo. Finalmente miró a su amigo.

—Que sí, joder, que ya me lo has dicho.

—Si a esos tipos que has contratado se les va la mano, puedes meterte en un lío. Antes de seguir, déjaselo claro, que lo entiendan. Y si aun así ocurre una desgracia, llámame también. ¿Está claro?

—Que sí, Pedro. Como otras veces. No soy gilipollas.

—Espero. Tengo que irme. Sigue con la escolta. Para ti y en tu casa. Me da que esos cabrones volverán a actuar.

—Que tengas buen día.

Pedro Ugarte abandonó la habitación. Tenía una reunión en el Ministerio del Interior. Borja María Aguado se dirigió a la sala de juntas. Iba a intentar que todos los presentes se ganaran el dinero que les pagaba.

Después de la reunión, que transcurrió por los cauces previstos por Borja María, que lo tenía todo calculado, Ramiro Vadillo se dirigió a su despacho, en donde mantuvo una reunión de dos horas con el publicista y los guionistas en las que estuvieron calculando estrategias y definiendo movimientos y traslado del relato a medios de comunicación. No era barato, pero en Feldix habían decidido que merecía la pena.

Por su parte, Borja María Aguado y su hijo se marcharon al despacho del primero para recibir a Iker, el abogado. Firmaron el contrato para la construcción del parque. También estaba Argüelles-Sanjuan, el director de la división de Infraestructuras. Una vez hecho esto les mostró un catálogo de contratos con el Ayuntamiento, la Comunidad de Madrid y un ministerio, para que eligieran si estaban interesados.

—Les he seleccionado contratos de los mejores —dijo el abogado.

Padre e hijo estuvieron más de media hora revisando las propuestas. Había desde carreteras a polideportivos, desde concesiones de transporte de pasajeros a hospitales, desde edificación de universidades privadas a servicios municipales.

Borja María se levantó y se despidió del abogado.

—Encárgate tú —le dijo a su hijo—. Confío en ti.

33

En mi barrio, a vomitar le decimos echar la pela. Es más largo, con menos sentido y no lo entiende nadie que no domine el lenguaje coloquial. Pero es así. Yo eché la pela aquella mañana, algo que comenzó a ser habitual hace años. Vómitos, diarreas, mareos, dolores de tarro... Algo que solo te lo curaba aquello que te lo provocaba: el alcohol.

Lo mío ya no eran resacas. Eran pedos continuados. Me levantaba con restos del pedo de la noche anterior y la mayoría de las veces ni tomaba café. Directamente me echaba un whisky y seguía la fiesta mientras hacía el ciclo de pastillas. Pirulas para la tensión, para mear, para la diabetes, para la hernia de hiato, vamos, el puto flipe. Mi cuerpo ya no era mi cuerpo, parecía el de otro, pero era lo que había. Yo era el desastre que yo mismo había construido o, como dicen los modernos, deconstruido. Hacía años que me había bebido más de lo que una persona puede aguantar. También me había fumado y me había esnifado todo. Y, aun así, si no lo pensaba mucho, mi vida era relativamente cómoda.

Encendí un cigarro y miré el edificio de la discordia. Intenté imaginar las vidas de esos vecinos haciendo las maletas y largándose del barrio. Tendrían que irse a un pueblo de Toledo o Guadalajara, porque los alquileres en Madrid estaban imposibles. Te salía más barato montar una empresa que alquilar un piso. Los ricos apenas pagaban impuestos.

Apuré la copa. No dejaba de dar vueltas al asunto del secuestro. Puto Banderines. Puta vida de los cojones. Volví a pensar en el trullo. Me veía haciendo alcohol en un alambique casero con manzanas podridas. El Chule me lo había contado muchas veces. En la cárcel había de todo. Solo era cuestión de dinero. Pero, aunque lo tuvieras, que sería mi caso, porque el hostal seguiría funcionando, no iba a ser tan cómodo como bajar al súper y comprar la priva que te saliera de los huevos, eso lo tenía claro. Un secuestro, joder. Eso eran palabras mayores. Una cosa era ir al trullo a hablar con el Charli o a Feldix a hablar con el gerente y otra muy distinta secuestrar a una cría llevando pipas, como si fuéramos jodidos pistoleros. Me estaba acojonando de mala manera. Y entonces me acordé del Pirri y el Tijeras. Porque al Botas le iba la vida en el jari, pero a estos no. ¿Lo hacían porque estaban locos? A ver, bien no estábamos ninguno de los que parábamos en lo del Julito, eso estaba claro. Pero estos dos no era la primera vez que participaban en movidas que ni les iban ni les venían. Podría decirse que llevaban ese quijotismo de barrio en la sangre. Pero yo no, ¿o sí? Yo era un borracho al que seguramente le temblaría la pipa en la mano si tuviera que empuñarla. Aunque, pensándolo bien, ¿cómo que yo no? ¿No había sido rehén en un atraco y tuve que negociar con los buenos, en teoría los maderos, en nombre de los malos, los jodidos atracadores yonquis? Vale que yo lo hice por mí, pero como consecuencia, salvé a todos los rehenes.

A estas alturas, yo ya no sabía quiénes eran los buenos y quiénes eran los malos. Porque nos comen el tarro de que los maderos cuidan de nuestra seguridad, pero como se líe te meten un porrazo que flipas y te encierran en un calabozo. ¿Y los jodidos yonquis no eran en realidad víctimas de un sistema que no les había dado ni la mínima oportunidad? Yo ya no pensaba con claridad hacía mucho tiempo. Demasiadas drogas, demasiada priva, demasiados golpes.

Me sonó el aviso del guasap. Era el Pirri. Que bajara. Le puse el emoticono del pulgar para arriba. Me arreglé un poco, y después de comprobar que el Roberto dormía, me bajé para abajo. El antro del Julito olía a amoníaco y a… ¿coliflor cocida? Sí, era eso, lo cual era curioso porque allí nadie cocía ni coliflor ni nada. Sería alguna vecina que estaba guisando. El Botas, el Tijeras y el Pirri alzaron el mentón en cuanto me vieron entrar. Correspondí y pedí un chinchón para ir a sentarme con ellos.

—Nos siguen, tronco —dijo el Botas—, a los tres. Lo mío da igual, porque no iba a ir a lo de la niña por la mierda esta. —Se señaló el vendaje aparatoso de la cabeza—. Pero es difícil secuestrar a la mocosa si te siguen los maderos.

Los tres me miraban, como si esperaran a que yo emitiera un veredicto o una solución en forma de milagro. Encendí un truja, aspiré el humo y lo exhalé hacia el techo del antro. Me di cuenta de que había telarañas y varias cosas más que no supe lo que eran. El garito podría ser la guarida del conde Drácula o una cueva de esas en la que cultivan champiñones. Pero allí estábamos los cuatro. También pululaban por allí los sobrinos del Araña, un par de obreros echándose un copazo al gaznate, un tipo que hablaba con su vaso de whisky y otro con un abrigo que seguramente le habrían regalado en la iglesia o en alguna oenegé, porque no era de su talla.

—Queremos asegurarnos de que nos siguen, aunque lo tenemos bastante claro. Y de que no te siguen a ti —continuó diciendo el Botas—. ¿Tu colega el Roberto está en el hostal?

—Estaba sobao.

—No hay prisa. La movida es que él compruebe desde el balcón si siguen al Pirri y al Tijeras. Y que no te siguen a ti. Yo creo que es así, pero quiero asegurarme. Nosotros tenemos antecedentes, por eso no nos quitan el ojo. ¿Tú tienes antecedentes?

—No. He sido un cabrón. Pero no he sido un cabronazo.

—Tenemos que asegurarnos.

Cambiamos de tema y hablamos de lo jodido que estaba el mundo. Que los de Feldix eran unos cabrones. Que había que ver con el tipo, el Borjamari, que no se echaba para atrás. Yo empezaba a pensar que el nota no se iba a retractar, porque estos mamonazos son de los que solo dan pasos para adelante. En la tele estaban con las guerras de moda, las de Gaza y Ucrania. Digo de moda porque en Sudán llevaban cincuenta y cinco años en guerra, también con ciudades destruidas, entre ellas la capital, Jartum. Al parecer, un general de una de las facciones había ido casa por casa robando, violando y matando a la gente. Pero esta guerra no importa, no sale en la tele. A mí me lo contó un nota con el que me tomé una birra en el Rastro un día. Me dijo que había tenido que salir de allí por patas. Ni siquiera le daban asilo político. Lo de Sudán es un conflicto invisible. Como tantos otros.

Me entró un guasap del Roberto. Quería saber si estaba en lo del Julito. Le iba a decir que no, que estaba en una conferencia en el Planetario, imitando ese humor que se trae el Pirri con la Carmen, la pitonisa, pero recién levantado lo mismo no lo iba a entender. Le expliqué el experimento empírico que quería hacer el Botas. Le dije lo que me habían dicho estos hacía un momento, que había un Renault Captur de camuflaje de los maderos justo enfrente del balcón del hostal. Que se trataba de observar si seguían al Botas, al Pirri y al Tijeras y de que no me seguían a mí. Le pregunté que si podría hacerlo y se ofendió un poco por la pregunta. Normal, cualquier capullo podría hacer eso. Le dije que se pusiera un whisky y que se acomodara en el balcón. Me dijo que le diera diez minutos.

—Que sí —dije—, que el Roberto en diez minutos está en el balcón comprobando lo de los maderos.

—Dabuten —dijo el Pirri. El Botas y el Tijeras asintieron.

Decidimos el orden. El primero que salió al cuarto de hora fue el Botas. El Roberto me dijo por mensaje que sí, que había salido un nota del Captur para seguirle. El segundo en salir fue el Tijeras. Lo mismo. Después, vino el Botas, que volvió a sentarse a la mesa, y salió el Pirri. Seguimiento positivo. Esperé unos diez minutos y salí. Fui a echar una Primitiva, por hacer algo. A mí no me siguieron, según el Roberto.

—Bueno, pues comprobado —dijo el Botas—. Estamos jodidos.

El Roberto apareció por la puerta, se pidió un chinchón y vino a sentarse con nosotros.

—Habría que comprobar si te siguen a ti, colega —dijo el Botas al Roberto.

—¿Y qué más da?

El Botas miró al Pirri y al Tijeras, que le devolvieron la mirada. Eran miradas tristes, faltas de expectativas, como si miraran a un pozo intentando ver el agua del fondo, solo que el pozo estaba seco, lleno de insectos y de maleza.

—Creo que ya os habréis dao cuenta, colegas, de que nosotros tres no podemos ir. El Zip ya iba a hacerlo. Falta saber si podrás hacerlo tú. Si querrás hacerlo.

El Roberto miró su copa y le dio algunas vueltas con los dedos pulgar y corazón de su mano derecha. Su mirada no era menos triste. Su mirada no tenía más expectativas que la de esperar cómo transcurriría el minuto siguiente.

Sin embargo, pasados esos segundos en los que todos estábamos flipando, miró al Botas, y afirmó con la cabeza.

—Dabuten, tronco. Gracias.

—Sí, pero no tan dabuten, colegas. Este y yo no tenemos vuestra experiencia delictiva —dije yo, que ya estaba flipando en estéreo, sin saber si entenderían lo de la experiencia delictiva—, y perdona que te lo diga. Y más para coger unas pipas. ¿Y si hay que disparar? No tenemos ni zorra de cómo van. ¿Y quién va a robar una furgoneta, eh?

Los tres me miraban. Me di cuenta de que comprendían lo que decía. A veces me pasaba de rosca, no eran tontos. Después pensé que, si no lo hacíamos el Roberto y yo, la movida se abortaría.

—No vais a tener que disparar, ya escuchaste al Bande.

—¿Y si coincide, qué sé yo, que pasan por allí unos maderos?

—Si pasan los maderos entonces pasáis del tema, tronco. Las pipas no vais a tener ni que enseñarlas, si lo hacéis bien. Lo de la furgo está arreglao, ya lo hemos hablao nosotros. ¿Conoces la chatarrería del Rogelio?

—Sí.

La chatarrería del Rogelio estaba al lado del bar del Nemesio. Llevaba ahí toda la vida. El Rogelio tenía más años que Matusalén. No había cerrado el negocio, pero se iba por temporadas a un piso que tenía en Benidorm, por el clima.

—Cuando se va, el nota me deja las llaves, por si pasara algo. Tiene una Trade un poco guarripé, pero nos vale. Tampoco necesitamos una furgoneta Mercedes con aire acondicionao, wifi y su puta madre. Está en el patio. Y las llaves están dentro, en uno de los cajones del despacho. Solo hay que ir y pillarla. Cuando se termine el trabajo, se vuelve a llevar y santas pascuas.

Pues nada, ya estaba liada. Lo supe por el tono de la charla del Botas, más que por sus argumentos. Este era un puto encantador de serpientes, menos que el Banderines, porque ese era para darle el Premio Nobel de encantadores de jodidas serpientes, pero lo era el cabronazo. Zip, capullo irredento, abogado de causas pobres y amigo de los yonquis. Secuestrar una cría con el Roberto. El puto flipe.

Estuvimos planeando cómo cogería la furgoneta, cómo nos dirigiríamos con las pibas al colegio, cómo pillaríamos a la cría y el viaje hasta la casa rural. Después, el Roberto y yo volveríamos y dejaríamos la furgo en la chatarrería.

—No es por nada —dije—, pero ¿creéis que es un buen plan?

—Es el plan —dijo el Botas—. No hay otro.

—Coño, podría ir algún vecino, joder, que al fin y al cabo son los que tienen el agua al cuello.

—Son padres de familia y abuelos, tronco, de verdad, ninguno podría hacerlo.

—¿Y este y yo qué? —señalé al Roberto—. Somos dos desgraciaos.

—Oye, tronco, entiendo tus remilgos. Nadie os obliga a hacerlo. Si no lo veis, es mejor que no se haga. Ya pensará el Bande otra cosa.

—Yo voy —dijo el Roberto.

Joder, ahora el jodido sintecho, el abogado venido a menos, iba a resultar ser Clint Eastwood y Charles Bronson juntos.

—Pues nada —dije—. A tomar por culo. Habrá que decírselo al Banderines, ¿no?

—El plan es del Banderines. —El Botas lo dijo sonriendo el cabrón.

Cómo no, el puto y jodido Banderines, el cerebro en la sombra que planeaba todo, incluso antes de saber si a quienes metía en esos planes iban a aceptar. El delincuente con un cerebro de Einstein, al que todo el mundo hacía caso. Desde luego, si a alguien había que hacer caso cuando hacía un plan, era a él. Aunque yo dudaba mucho de que confiara en dos borrachos que se les iba la pinza a las primeras de cambio. Como había dicho el Botas era el plan, no el mejor plan. Ya no había planes entre los que elegir. El Roberto y yo éramos los suplentes de los verdaderos titulares, de los únicos que habrían tenido una posibilidad de llevar a cabo todo el jodido plan.

—Nos vemos a la tarde y repasamos todo otra vez, ¿eh? Quedamos donde el Nemesio y damos una rula por la chatarrería, para que la veáis —dijo el Botas.

El Roberto y yo nos fuimos a andar. Decidimos subir por Arcentales hasta la avenida de los diabéticos. Me habían hablado de un resta en el que se comía bien, en García Noblejas, un garito que se llamaba Casa Pepe.

—Joder, tronco, te veo echao pa'lante que te pasas —le dije al Roberto nada más empezar la ruta.

—¿A que sí? Yo también estoy flipando. Supongo que llevo mucho tiempo sin sentir esos efectos de la adrenalina, tío. Me está molando hacer cosas útiles.

—Ya, ya, pero, joder, lo dices como si estuvieras participando de voluntario en una oenegé.

—Es mejor que eso, tío. ¿Y sabes por qué? Porque es un acto revolucionario contra esos cabrones fascistas.

—Ya te salió el rojo que llevas dentro.

—Pues sí, y a mucha honra. Y a ti te pasa igual, aunque no lo quieras reconocer.

—Yo hace mucho tiempo que perdí los ideales.

—¿Ah, sí? Si eso fuera verdad no lo harías. Tampoco irías a votar. Y tú votas siempre, me lo has dicho.

Lo de Casa Pepe era la hostia. Las cartas, plastificadas, tenían el color de la bandera de España. Los camareros llevaban la pulsera de la banderita y la llevaban impresa también en el polo negro. No eran fachas de esos, tipo cayetanos o borjamaris. No, no, eran tipos rudos, con bigotazo y patillas, de esos que te escupían el buenos días o el buenas tardes a la cara, con los ojos achinados, que solo desachinaban cuando por fin se te pasaba el *shock* y les pedías lo que querías y entonces soltaban un «¡Un torrezno unidad y una de caracolesssssss!» o un «¡Unas alitas y patatas alioliiiiiiii!». Te ponían las birras chorreando espuma y daban tal golpe en la barra con el culo del vaso o de la jarra que el cliente flipaba. Cantaba menos que el Casa Pepe de Despeñaperros, en donde además te vendían botellas de vino con la etiqueta de Franco o de José Antonio o artículos con el careto de Tejero, pero cantaba. Era difícil, claro, imaginar un Casa Karl en Alemania en donde vendieran botellas y recuerdos con los caretos de Hitler, Goering o Himmler. Sencillamente no se permitía. Aquí sí. Aunque en Alemania estaban caminando hacia eso alentados por Donald y Elon.

El menú de puta madre, que lo cortés no quita lo valiente. Además, había ostras, cigalas, chuletones y un montón de movidas guapas más.

Me pregunté cómo contratarían a los camareros. Me imaginé al dueño llamando a la agencia y solicitando camareros de derechas. O fachas que fueran camareros. Se lo comenté al Roberto.

—No —dijo—, este es el típico negocio endogámico. Aquí seguro que cuando necesitan gente se lo dicen a los camareros, que traen a sus amigos. O a sus hermanos o primos. ¿No ves que todos se parecen?

A veces el Roberto se ponía de un intelectual que me sacaba de quicio.

34

El día elegido, a la hora señalada, sonó el despertador. Fui al baño, vomité, me peiné y me lavé los dientes. Después me senté en el váter y solté las tripas. Por último, me di una ducha. Abrí la ventana un rato porque apestaba. Me eché una copa de Johnnie Negro y encendí un cigarrillo. Mi cuerpo se reconfortó con el mundo. Desperté al Roberto.

—Buenos días, tronco. Mira estas cuatro paredes. A partir de ahora puede que durmamos entre otros muros con una puerta de barrotes.

—Joder, tío, no seas agorero.

Le tendí la botella de Johnnie.

—Coño, ¿qué celebramos?

—Que estamos libres, tron, que estamos libres.

—Jooooder...

—Bueno, me abro. A las siete hemos quedado con las pibas. ¿Recuerdas la dirección?

—Sí, joder. Venga, pírate.

Tardé unos diez minutos en llegar a lo del Rogelio. Abrí el candado de la puerta de la verja y pasé al solar. Había lavadoras, televisores antiguos, hierros, frigoríficos, motores y hasta un viejo vagón de tren de mercancías. Había malas hierbas, cardos borriqueros y otras plantas difíciles de identificar. Para mí que se habían mezclado unas con otras porque había cardos que daban flores de colores y plantas bonitas de las que no brotaban flores ni frutos. Me dirigí a la puerta de la nave y la abrí después de probar un par de llaves. Aquello apestaba. Había cobre de distinta procedencia, hierros y más chatarra de todo tipo tirada por los suelos y colgada por las paredes. Un puto caos absoluto. Me olvidé de la poética del antro y abrí lo que hipotéticamente podría ser el despacho, porque aquello también podría haber sido una pocilga. La puerta era una puerta Frankenstein. Estaba hecha de metal, de madera, uralita y plástico. Carecía de picaporte. Tenía unos alambres enrollados para abrirla o cerrarla. Me dio por pensar en la imaginación del cabrón del Rogelio para sacar pasta de un lugar así.

El Botas me había dicho que había una mesa con dos cajones y que las llaves estaban en el de arriba. La mesa había que verla. Eran tres tablones podridos atornillados. El horizontal, sobre el que había desde tornillos a bolígrafos Bic gastados, estaba lleno de quemaduras y manchas que tenían más años que yo. Identifiqué los cajones. No eran de los que se tiraba de ellos y corrían, no. Aquello habría sido como ver un avión supersónico en una película de romanos. Los dos cajones colgaban de dos alcayatas cada uno, uno en la parte de arriba y otro en la parte de abajo en uno de los tableros verticales. Descolgué el primero. Entre latas que contenían tuercas, arandelas, clavos y tornillos, identifiqué un llavero de Ford con lo que se suponía que podrían ser las llaves de la furgoneta del Rogelio, que era una Nissan Trade. Dejé el puto cajón en el suelo, ya lo colgaría luego si es que volvía. Miré las paredes empapeladas de pósteres de tías en bolas pensando que por lo menos la mitad de ellas ya habrían muerto y salí al solar. En la Trade ponía «Chatarrería Rogelio» y debajo «Recogida a domicilio, portes». Desde luego, si se trataba de dar el cante lo íbamos a dar, pero bien. Lo bueno de la movida era que no era un vehículo robado, así que, por ese lado, no nos buscarían, lo cual era una ventaja. Pero no teníamos que ir a la calle Alcalá y volver. Teníamos que ir a la provincia de Ávila. Yo flipaba. Cada vez más.

Abrí la puerta de la tartana y subí. Joder, aquello para mí era Marte. No había mucha luz. No encontraba ni el bombín para meter la llave y arrancar. El Botas me había dicho que era una furgona antigua, nada de botones para el arranque combinado con pisar el freno y cantar el cara al sol. Empecé a ponerme nervioso. Esto de trabajar tan temprano y solo con una copa en el cuerpo era una jodida tortura. Encendí el móvil. Me costó encontrar el modo linterna porque nunca lo utilizaba. Su puta madre. ¿Dónde estaba la profesionalidad que mostraban en las películas? ¿Dónde estaba el porte de John Travolta y de Samuel L. Jackson en *Pulp Fiction*? Porque, joder, Vincent Vega, hasta poniéndose un chute de jaco, se iba el pavo todo elegante a ajustar las cuentas a un nota que había intentado tangar a Marsellus Wallace sin despeinarse. Y yo en ese momento ya había pensado en abortar la operación un par de veces, una en la chatarrería y otra en el camino.

Por fin, tras apuntar el haz de luz hacia todas partes por debajo del volante, identifiqué el bombín de arranque. Metí la llave y arrancó. A la tercera, su puta madre, qué ansiedad llevaba ya encima. Y ni siquiera habíamos empezado. Dejé la furgona al ralentí, para que se calentara, y volví a entrar en la nave. En el despacho había visto un frigorífico pequeño. Entré y allí, al abrir la puerta de la pequeña nevera, se produjo el milagro, rodeado de tías en pelotas. Había dos botes de fanta, uno de Coca-Cola y tres de cerveza Mahou verdes (si hubiesen sido rojas ya habría sido el flipe). Era un milagro de pastel, pero que a mí me valía. Abrí una y me la bebí allí dentro casi toda. Volví a cerrar las dos puertas y me subí a la furgo. Había una peste a gasoil que flipabas. Aquello echaba un humaco que esperaba que fuera del arranque porque, si no, nos pararían en cualquier control.

Terminé el buche que quedaba y me abrí la otra birra. Así sí, así sí que se podía trabajar en condiciones, coño. Era verdad que habíamos dicho de no beber, que teníamos que estar lúcidos, pero aquello lo dijimos en el bar del Julito y luego en casa del Pirri ayer, cuando repetimos la reunión con las pibas, en ambos casos con los vasos llenos hasta el borde. Un tipo es alcohólico porque bebe, coño, ¿a quién queríamos engañar a esas alturas? ¿Estábamos tontos o qué?

Abrí la verja y salí con la tartana después de volver a poner el candado *vintage* de los cojones. Me dirigí al punto donde habíamos quedado, en la calle Ilíada, a la altura del bar Tormes, un superviviente de la época de cuando los bares se llamaban Guadiana, Soria o Sierra de Albarracín, que eran los lugares de los que procedían los dueños. Ya solo se llamaba Tormes en el imaginario colectivo de los tarras del barrio porque ahora era un bar de kebabs.

Bajé por Ilíada y allí estaba el Roberto, un tipo canijo y enclenque, entre dos pibas que, a pesar de estar entre los cincuenta y los sesenta, seguían estando buenas, más que muchas chavalas jóvenes. Segundo milagro del día. El Roberto y las Lolas subieron y pusimos rumbo al puto colegio de los huevos. Tardamos en llegar como una hora. Hay que tener en cuenta que los colegios a los que estos pavos llevan a sus mocosos no están cerca de Canillejas. Tampoco de Vicálvaro, Carabanchel, Vallecas o Villaverde, claro. Los colegios de estos capullos siempre estaban en el norte, cerca de urbanizaciones privadas, y se llamaban Virgen de las Nieves o Virgen de la Esperanza. También se podían llamar Suputamadre School o cosas parecidas, mezcladas con palabras inglesas, que eso siempre vestía mucho.

Las pibas me miraron desde atrás, fijando sus miradas en el espejo retrovisor, cuando abrí la tercera birra y se la pasé al Roberto, que puso la misma cara que cuando un niño se encuentra sus regalos la mañana de Reyes. Pero no dijeron nada. ¿Qué iban a decir? Tenían más mili en cuestiones del barrio que el palo de la bandera y sabían que éramos unos jodidos borrachos de mierda. Hacía mucho que habían dejado de creer en los cuentos de hadas y en los príncipes azules. Repasamos el plan, una vez más.

—Entonces aparcamos en la calle Oxford —dijo Lola, la especie de novia del Pirri—, siguiendo la ruta que ha dicho el Bande. No hay cámaras. Y no podemos dejar que vean este cante de furgoneta.

—Esta y yo bajamos y nos mezclamos entre la gente que lleva a los niños al colegio —dijo la otra Lola—. Localizamos a la madre y a la niña. Después, el Roberto se baja, y disimuladamente camina hasta alcanzar el objetivo. Le mete con la táser a la madre y nosotras la cogemos antes de que se caiga al suelo, gritando que se ha desmayado, atrayendo la atención de toda la peña. En ese momento, el Roberto ya va con la niña de la mano hacia la furgoneta, en la que tú nos esperas, puesta en marcha, porque no podemos arriesgarnos a que no arranque. ¿Lo tenemos claro?

Claro clarinete. Joder, Lola, ¿había dicho el objetivo? Aquello sí que parecía ya algo profesional. El Roberto me pasó el bote y le pegué un buen trago. Yo ya veía la movida de otra manera. El pesimismo del principio había desaparecido. Tampoco es que tuviera euforia. Era que el copazo de whisky y las birras habían operado el cambio.

Aparcamos en la jodida calle Oxford, que, como todos sabemos, era una ciudad inglesa que estaba a más de mil kilómetros de allí. Primero bajaron las pibas. Y después el Roberto. La operación tardó unos minutos que a mí me parecieron horas. Y cuando estaba a punto de suicidarme, vi aparecer al Roberto con la niña, que sonreía por las carantoñas que le hacía el puto descerebrado. La traía en brazos. Le dio un regaliz rojo que a saber de dónde había sacado. El Roberto y su mundo interior. Unos segundos después aparecieron las pibas, que agarraron a la niña. La sentaron atrás, entre las dos, y el Roberto ocupó la plaza del copiloto. Sonreía. Era una sonrisa apenada. A mí me temblaba el pie en el acelerador y en el embrague. Todos lo notaron, porque la puta tartana daba tirones.

—Zip, ¿estás bien? —dijo la Lola del Botas.

—Sí, joder, pero necesito una birra.

—Pues te jodes, tío. Sal cagando leches de aquí y luego ya veremos.

—Aguanta, tío —la Lola del Pirri—. Tenemos que irnos. Luego, en la carretera, si tal…

Y nos fuimos. Logré controlar la ansiedad con un cigarro. Bueno, era un cigarro especial. Era un cigarro que me había hecho por si había una emergencia. Un nevadito. Había pillado perico la noche anterior sin decírselo a nadie.

—Joder, Zip —Lola uno.

—Joder, Zip —Lola dos.

Claro, las pibas no eran tontas.

35

A la familia Aguado la han interrogado varias veces. La Policía se ha empleado a fondo con la madre de la niña, que es la que la vio por última vez. Pero sobre todo han interrogado al patriarca, menos como abuelo que como el gran empresario. Todos tienen claro, dados los antecedentes, que el secuestro está relacionado con la compra del inmueble de Canillejas, ese dichoso edificio donde viven todos esos desgraciados. Ese bloque que le está complicando la vida como nadie antes se la había complicado.

—¡Me cago en la madre que los parió! —dice Borja María Aguado, dando un golpe sobre la mesa, que retumba a lo largo del despacho de Torre Europa—. ¡Me cago en todos sus muertos! —vuelve a maldecir, y lo hace un tipo que no suele hacerlo.

Ha ordenado que protejan a su mujer y a su hija. También hay guardaespaldas en la casa de su hijo y de su nuera. Él se ha exiliado en la intimidad de ese despacho, ese reducto que nadie conoce excepto él. Ha hablado con su amigo, el director general de la Guardia Civil.

—¡No me digas que me calme, me cago en la hostia puta! —le había dicho como última frase para después estrellar el teléfono contra la mesa.

También había hablado con Carlos Barrantes, esa especie de caudillo de neonazis que resolvía problemas, aunque de momento no habían resuelto nada. Había confiado su familia —así se lo había dicho mirándole a los ojos— a Mario Yunta, que estaba como loco organizando al servicio de seguridad para servir a su jefe y hacer méritos. Se habían contratado más hombres. Y a Mario Conte, el gerente de la agencia de detectives AIRIS World, le había exigido resultados. Ya.

Le preocupaba su nieta. No podía pensar claro cuando su cerebro le jugaba una mala pasada y empezaba a darle vueltas a malas ideas. ¿Dónde estaría? ¿Con quién? ¿La tratarían bien? ¿Quién coño era capaz de raptar a una niña tan pequeña? ¿En qué país vivíamos que se podía cometer un acto tan atroz a plena luz del día? Borja María Aguado no había sido nunca un tipo violento, aunque sus prácticas empresariales llevaran una violencia implícita brutal. Pero ahora, tras apurar el segundo whisky de la tarde, necesitaba saber quién o quiénes le estaban chantajeando de una manera tan cruda, tan primitiva. Y deseó tener delante al cabecilla. Deseó poder matarlo con sus propias manos.

Encendió un cigarrillo, volvió a rellenar el vaso de whisky y miró por el ventanal. Decidió darse una ducha de hidromasaje para templar los nervios. Tenía que hacerlo. No podía venirse abajo. Eso podían hacerlo su mujer y sus hijos, pero él no. Él debía estar ahí, al pie del cañón. Pensó en su hijo. No podía imaginar su estado de ánimo. Imaginó cómo se habría sentido él de haberle secuestrado a la niña o al niño cuando tenían la edad de su nieta. Primero lo había visto desconcertado cuando recibió la noticia. Después, abatido, enjugando las lágrimas de su esposa, que se culpaba del secuestro sin tener motivos para ello, ya que no pudo hacer nada. Y luego enfadado. Habían hablado y su hijo terminó golpeándole el pecho, como si aporreara una puerta, implorándole que no comprara el edificio, algo que era imposible. Sus códigos, su personalidad y su estrategia para los negocios no le permitían echarse atrás. Nunca lo había hecho. Era algo impensable. Se estaba gastando un buen dinero en intentar encontrar a esos hijos de puta que iban a pagar cara su osadía. Empezaba a pensar en hacerles daño, mucho daño, antes de que entraran en la cárcel. Ya encontraría la manera. Los contactos lo podían todo. Y el dinero. Todo podía conseguirse con dinero. Esa era su filosofía.

Salió de la ducha y se terminó el whisky. Hacía tiempo que no necesitaba a nadie. Solo a su hijo, para que tomara las riendas cuando él ya no estuviera. Pero en casa lo necesitaban. Su mujer y su hija no le habían dado las satisfacciones que él esperaba. Pero eran su familia, y debía cuidar de ellas.

Llamó una vez más a Cayetano, que cogía el teléfono preguntando si habían soltado ya a la niña mientras los sollozos de su mujer se acoplaban sobre la conversación. Esta vez su hijo no contestó. Abandonó el despacho.

36

Yo había estado enganchado a la farlopa varias veces. La última necesité hospitalización y cuidados específicos. Desde este punto de vista, el que yo hubiese pillado perico era como si el Tije, el Pirri, el Botas o el puto y misterioso Banderines hubieran pillado caballo. Entonces, ¿por qué había pillado? Pues porque era gilipollas, un capullo integral. Y porque tenía miedo de la movida en que me iba a meter con el secuestro. Mi cerebro pensó que tenía que estar despierto porque últimamente, además, me quedaba dormido por las esquinas. Y qué mejor que la farlopa para estar espídico, para no dormirme. El problema era que yo era un jodido adicto y no sabía si a estas alturas podría controlar aquello. Porque, claro, los camellos no te vendían una raya, tenías que pillar un pollo, por lo menos eso era lo mínimo para el camello al que yo fui.

Tiramos por la autopista de la Coruña hasta llegar al túnel de Adanero. Y en la de peaje para Ávila paramos en una gasolinera y pillamos birras. Por fin.

La casa rural del Bande era una puta pasada. Parecía el Pirineo o un paisaje de los Alpes. Era de piedra y estaba situada en una ladera, con un río con cascada y toda la pesca. Alberto y Rosa nos esperaban y desde el principio empezaron a ejercer de abuelitos de la mocosa, que no parecía echar de menos a su vieja. Le dieron dulces y sacaron muñecas y otros juguetes.

—Nosotros nos vamos —dije.

—Tened cuidado —dijo la mujer del Botas. Su mirada decía que no nos drogáramos ni bebiéramos. Que fuéramos buenos.

Y fuimos todo lo buenos que pudimos. Al fin y al cabo, el trabajo jodido ya estaba hecho. Solo nos quedaba llegar al barrio y devolver la furgoneta.

—No ha sido tan difícil, ¿no? —dijo el Roberto.

—Pues no. Teníamos claro lo que debíamos hacer, tronco. Y hemos tenido suerte de no cruzarnos con maderos, de que no cayera un meteorito, en fin.

El Roberto sonreía. Yo creo que se lo estaba pasando bien y que meterse en los chanchullos del Bande le había revivido un poco. Decidimos parar en un bareto, básicamente para mear y seguir el camino. Seguí el letrero que anunciaba el restaurante.

—Joder, no puede ser, tronco.

—¿Qué pasa?

En el parking había un banderote algo más pequeño que el de la plaza de Colón, pero solo algo más cani. El restaurante se llamaba Casa Pepe.

—Pues ya lo ves. Esto parece una puta epidemia, colega.

—Ya te digo.

Paramos en el siguiente, total, daba igual uno que otro. Echamos unas birras, meamos, nos metimos unas rayas y nos fuimos.

Llegamos al barrio. Paré en un chino para el avituallamiento. Dejamos la furgo en su sitio. Y antes de irnos dejé dos birras en la nevera del Rogelio. Pero de las rojas, para que flipara el cabrón. Cuando viera que las dos birras verdes se habían convertido en rojas debería flipar un poco, ¿que no? O a lo mejor ni se daba cuenta. O a lo mejor el capullo era daltónico. Ya estaba pensando gilipolleces. Entre las birras, las lonchas que nos metimos en el bar de carretera y otras dos que nos esnifamos sobre la mesa del

Rogelio, el moco empezaba a ser curioso. Dejé la llave de la tartana en el cajón y lo coloqué como estaba. Después salimos, dejando todo como si no hubiéramos estado allí, y cerramos la verja con el candado.

En el Julito nos esperaba toda la tropa. Nos saludaron como en una peli de mafiosos, como si el Roberto o yo fuéramos los jodidos padrinos de una familia de la Cosa Nostra. Al parecer, la noticia ya había salido en la tele, en la radio y estaba en todos los periódicos digitales.

—¡Qué cabrones, lo habéis hecho! —el Pirri con sonrisa de pirado.

—Tronco, córtate —dijo el Botas—. Vamos a tomarnos algo y lo celebramos, pero disimulando un poco, coño.

El Botas llevaba razón. En el garito había más gente. Los sobrinos del Araña tomaban sus bebidas energéticas de los huevos. Carmen estaba echando las cartas del tarot a una señora con ademanes dramáticos, dejándole ver que sus problemas eran graves, pero lo serían menos si hacía lo que ella decía y pagaba como correspondía. Esto último lo omitió, claro. El Julito nos miró y sonrió como cualquier tipo que no sabe sonreír. Era su forma de agradecernos lo que habíamos hecho por su bar. Él lo veía así. Nosotros no. Nosotros no sabíamos ni por qué lo hacíamos. Aunque en ese momento, seguro que, llevado por la euforia de la farlopa y las birras, empecé a pensar que lo hacíamos por el barrio, por lo injusto de que un capullo todopoderoso viniera con sus millones y echara a unos vecinos de sus casas de toda la vida. Y eso que la farlopa no tenía ni comparación con la que yo compraba décadas atrás. Menuda mierda. La boca me sabía a yeso o a algo peor.

El Botas nos hizo contar todo. Empecé yo. El Roberto apenas abrió la boca salvo para darme la razón asintiendo y sonriendo.

—¿Has vuelto a dejar la furgoneta en la chatarrería? —preguntó el Botas.

—Sí —le entregué las llaves.

—Pues yo no daba un duro por esto —dijo el Tijeras—. No por vosotros, ¿eh? Que si hubiéramos ido este —señaló al Pirri— y yo, me habría pasao lo mismo. Es que era un puto secuestro con todos esos detalles y…

—Todos esos detalles que diseñó el Bande, tronco —dijo el Botas—, por eso le llamamos.

—Sí, sí. Pero una cosa es pensar el plan, que vale, que tiene su mérito, y otra pasar a la práctica.

—Del dicho al hecho… —el Roberto a su pedo.

—Lo que importa es que ya está hecho y que ese hijoputa tendrá que recular.

—O no —dije yo a mi pedo también.

—El caso es que… —el Roberto, como si fuera un pensador griego—, bueno…, que si el tipo no traga…

—Hombre, es su nieta, cojones —el Botas intentando disimular el nerviosismo que le estaba causando la sugerencia del Roberto—. ¿O es que va a preferir quedarse sin ella antes de dar su brazo a torcer?

Y a mí, en aquellos momentos, me vinieron imágenes de aquella peli…, ¿cómo se llamaba? Era una del Mel Gibson, creo, una peli mala, pero lo que me llamaba la atención era la idea. Creo que le secuestraban al hijo o a la hija y le pedían un rescate. Tras varias secuencias, el nota decide no solo no pagar, sino ir a por el secuestrador. Sentí un escalofrío. Me encendí un truja y me entraron unas ganas que te cagas de meterme un rayajo. Conocía la sensación. Ansiedad-raya-bajón-otra raya-pillar más-darme un jamacuco en cualquier sitio. Pero me prometí que no, que sería la última. Quedaba para hacer dos, o tres estirando la movida. Pregunté que si le apetecía a alguien. El Tijeras y el Pirri dijeron que sí. El

Botas dijo que ni de coña y el Roberto dijo que no, que ya estaba bien. Así que pasé al tigre y puse las tres lonchas sobre la cisterna del váter, que apestaba. Esa era otra, la costumbre de ponerse las rayas en el tigre. Pero no era por capricho. A ver dónde te las ibas a meter. Y como podía más el vicio que la prudencia, pues hala, te esnifabas la movida sobre una superficie que limpiabas con papel cuando lo que verdaderamente se necesitaba era desinfectante por un tubo. Salí y pasó el Pirri. Luego entró el Tije. Me dieron las gracias, pero me dijeron lo que yo ya sabía, que la farla era una mierda.

Me encendí un truja y pedimos de beber. El Julito dijo que esa iba de su parte, lo cual, teniendo en cuenta que el nota no invitaba nunca, era como un milagro. Milagro que últimamente se repetía.

—Tiene que echarse atrás, joder —dijo el Pirri—. ¿Cómo va a dejar que maten a su nieta?

El Pirri dijo la palabra mágica. Matar.

—Pero ¿es que la vamos a matar? —preguntó el Roberto.

Se hizo el silencio.

—No vamos a matar a nadie, hostias. Joder, qué brutos sois —dijo el Botas.

—Yo lo decía por decir —el Pirri encendiéndose un truja—, que a mí tampoco se me pasa por la cabeza matar a una niña.

—Claro que no, coño —el Botas tamborileando en la mesa con los dedos que parecían un catálogo de culebras—. Yo creí que todos lo teníamos claro. La niña está con las pibas que la van a tratar dabuten. Se trata de que el Borjamari crea que si no cede se queda sin ella.

—¿Y si no cede? —preguntó el Roberto.

—Pues si no cede habrá que soltar a la niña y santas pascuas. A ver qué remedio.

El Roberto le preguntó que cómo iba la cosa con el sindicato y la asociación antidesahucios. El Botas dijo que iba bien. Que además estaban llamando la atención sobre la brutalidad policial y que iban a poner denuncias.

—Son listos los pavos, ¿sabéis? El abogado dice que lo importante es estar ahí cada día, en los periódicos, en la radio y en la tele. Que daba igual por qué. Hay otra mani esta noche. Y como la movida cada vez es más mediática, van a venir afectados de Tetuán, Lavapiés y otros colectivos. Espero que se líe parda para que mañana estemos otra vez en los medios. Vamos a brindar, troncos.

Brindamos. Por el secuestro, que había salido bien, por nosotros y hasta por los muertos del autobús, que cuando se pone uno eufórico brinda por cualquier cosa.

—¿Qué se sabe de los maderos? —pregunté.

—Han vuelto a hablar con nosotros y no se mueven de ahí —dijo el Pirri—. Hoy nos hemos dejado ver bien por aquí, para que se coscaran de que no teníamos nada que ver con el secuestro.

—¿Y del Bande?

—El Bande ya aparecerá cuando tenga que aparecer —dijo el Tijeras, que, a continuación, viendo que el Pirri miraba el techo, le dijo que qué le pasaba—. Porque esto no es la Capilla Sixtina, tronco.

—Nada. Pensaba en las novelas.

—¿Qué novelas?

—En las novelas en general, tronco. Estaba pensando que esto, lo de que unos mataos hagan un secuestro, lo pones y la peña no se lo cree.

—Ya, pero esto es la vida real. No hace falta que se lo crea nadie.

—¿Nos vamos a comer? —pregunté al Roberto.

—Vale.

—¿Tenéis un porro?

Lo dije porque después de la farlopa convenía bajar los ánimos. El Pirri sacó una china y me la dio. Me hice el peta y nos marchamos. Los maderos seguían en su punto de vigilancia. Curioso trabajo el suyo.

Nos bajamos hasta el parque después de pillar dos milnueves en el chino. Nos sentamos en un banco, abrimos los botes y encendí el petardo. Los niños panchis corrían jugando a la pelota o montando en sus patinetes. Los papás y las mamás charlaban animadamente y sacaban sus bebidas de neveras portátiles. Reían, fumaban y supongo que eran felices lejos de sus países en los que la vida no valía nada. Había mucha peña de Ecuador, que, según las noticias, se había convertido en un narcoestado. La hostia, las cosas que pasaban por ahí. Y yo me quejaba de lo que pasaba aquí... Bueno, cada uno protestaba por lo que pasaba en donde vivía, por mucha conciencia social internacional que llegaras a desarrollar viendo los jodidos telediarios.

—Qué bien se lo pasan los capullos —le dije al Roberto.

—Sí. Están por todas partes. Y flipan. Al menos aquí curran, y ganan algo para poder vivir. En sus países es imposible. O se mueren de hambre o los matan. Y te digo más, tío, si no fuera por ellos, el sistema de pensiones se vendría abajo, más ahora, que se está jubilando la peña del *baby boom*.

—Es verdad. Y los fachas poniéndolos verdes y diciendo que se tendrían que ir a sus países. Menudos patriotas de los cojones.

El porro me bajó un poco las pulsaciones. El Roberto me ayudó, pero poco, igual que con la farla. Él no era mucho de drogarse. Yo tampoco, ya no, pero quien tuvo retuvo, qué cojones.

Ya en keli, me hice otro porro de la china del Pirri, que era generosa. No había otra si quería dormir, y aun así ya veríamos. Lo de la farlopa y dormir estaba bastante reñido. Nos fumamos el peta con dos copas, pero de un Remy Martin que tenía guardado para una ocasión especial. Y esta lo era. Si secuestrar a una jodida mocosa no era una ocasión especial, ¿qué iba a serlo?

37

La siguiente mani en el barrio, bro, yo creo que fue la mejor, porque estaba lleno de peña. Estuvieron la televisión, la radio y varios periodistas de periódicos de izquierdas. También había medios fachas, ¿sabes? De estos que luego daban el mensaje de «la lucha de cuatro rojos por impedir el progreso en forma de apartamentos turísticos y viviendas con "alquileres normales"». La cosa se lio tanto que los maderos cargaron contra los vecinos y contra los que no eran vecinos porque, bro, a esas alturas, además de la asociación de inquilinos y los de los antidesahucios, había mucha gente del barrio que se solidarizaba con los del edificio y también había grupos de la izquierda radical, peña con camisetas del movimiento 15-M, flipa, y hasta peña de movimientos okupas.

El Julito no había abierto el bareto, por lo que pudiera pasar. Buah, chaval, al Tijeras le abrieron la cabeza. Se lo llevaron en ambulancia y también al Antonio, bro, del bajo D, un nota que no se mete con nadie. Se jubiló anticipadamente porque pilló una infección pulmonar en la fundición en la que trabajaba y ahora hace las chapuzas de la escalera por una mierda de dinero porque el puto Zosi, bro, nos tiene abandonaos.

Yo me escaqueé por ahí, pero llevaba la radio del móvil con los auriculares y estaban dando la noticia. Decían que había infiltrados antisistema y hablaban de brutalidad policial. Habló hasta la delegada del Gobierno, bro, porque a estas alturas éramos famosos, jajaja, qué flipada.

En medio de toda la trifulca, me cosqué de cómo avanzaban una panda de unos veinte cabezas rapadas. Yo creí que vendrían a reventar la mani, bro, como otras veces. Pero me di cuenta de que iban a por el Botas. El cabrón se había hecho famoso y ahora le tomaban por un líder o algo así. Los vecinos y la Policía retuvieron a algunos a costa de llevarse palos y cadenazos. Llevaban también puños americanos los hijoputas. Unos diez o así llegaron a donde estaba el Botas, bro, pero algunos vecinos y el Pirri se dieron cuenta. El Pirri metió un ladrillazo en todo el cráneo a uno de los rapados, qué flipe, bro. El nota cayó a plomo. Agarraron al Pirri y lo zarandearon hasta que un grupo de vecinos se metió por medio. El Botas y el Julito estaban repartiendo estopa, este último con su bate de béisbol. Y la cosa se puso jodida porque terminó con los del movimiento okupa peleándose con los nazis, ¿te coscas? No veas qué batalla campal, bro.

Y entonces ya me acerqué, cuando ya no había peligro y vi al Zip y a su colega el abogado hablando con el Botas.

—Su puta madre, tronco, qué cabrones los maderos y los skins.

—Sí —dijo el Zip—, se han empleado a fondo.

—¡Unos hijoputas es lo que son! —dijo el Pirri—. ¡Al Tije le han abierto la cabeza los rapados, coño!

El nota estaba tela de alterao, ¿sabes? El Tijeras era su colega. Iban siempre juntos, bro. Pero el caso es que estaba demasiado nervioso, como si se hubiera pasado con la priva o con otra cosa. La gente se estaba yendo. Había sangre por todos lados y por lo menos siete u ocho ambulancias, bro.

—Yo ya me voy a ir abriendo, me piro para keli —dijo el Julito.

—Os digo una cosa —dijo el Botas—. Los rapados venían a por mí, lo he visto. Si no es por los vecinos y por estos —señaló al Pirri y al Julito—, me dan una curra que flipo.

—Sí, el Roberto y yo lo hemos visto desde el balcón —dijo el Zip.

—¡Tenía que haberme ido con el Tije, joder! —aulló el Pirri.

—Tronco, deja de culparte. —El Botas lo zarandeó cariñosamente—. Ha tenido mala suerte. Además, le han jodido por defenderme. Y yo no olvido las cosas. Luego le llamas.

Yo ya me iba para keli, bro, cuando el Botas me habló, y yo pues, joder, tenía que escucharle porque tú sabes que yo lo de las relaciones y eso pues que como que no, que me bloqueo, que me creo que me hablan para joderme y ¡joder! Me di así unas bofetadas en las mejillas a ver si se me pasaba el flipe, pero como si nada.

—Oye, Jero, chavalote, ¿tú estás bien?

Mira que la pregunta era fácil, bro. Con decir que sí y darme media vuelta habría valido. Pues no, colega, que empecé a tartamudear un poco y luego a balbucear en plan yoooooo..., glegleggggggg..., joder, bro. Y al final pude decir un «sí» muy bajito, y haciendo mucha fuerza como cuando vas a cagar, ¿te imaginas, bro? Y entonces sí, me di la vuelta y escuché al Zip.

—Qué pena de chaval —dijo.

—Y tú, puto borracho, cómeme el nabo —contesté.

Y la frase me salió de corrido, fíjate para que te cosques, bro, de cómo me funciona a mí la almendra. Antes no había podido contestar un puto monosílabo y ahora había dicho una frase de corrido. Eso sí, la dije para mí, para que no me escuchara nadie.

Luego me enteré de que también habían herido a don Alonso, el del primero D, un jubilado viudo que se dedica a dar su paseo por la mañana con su perro pekinés y por las tardes a echar la partida. Perdió a su mujer cuando lo del Covid, bro, yo creo que la vida le hizo un favor, porque la abuela estaba en estado avanzado de alzhéimer y no veas los gritos solo para que entrara a ducharse.

En keli estuve un rato en el ordenador y luego, bro, me dieron ganas de seguir viendo *Shameless*, así que lo puse. Lo que pasa es que viendo esta puta serie te dan ganas de beber y me abrí una lata de birra, y luego otra, y otra, jajajaja... ¿Y sabes lo que te digo? Pues que me he dado cuenta de que mola más ver esta serie pedo. ¡Qué cabrón el Frank Gallagher, bro! ¡El puto amo! Jajajajaja...

38

Después de la mani, todos nos tranquilizamos un poco. Y yo iba a preguntar al Botas sobre el Bande, pero al lado estaba el chaval este del primero, el Jero, que parece gilipollas. El Botas le preguntó que si estaba bien y el pavo se puso a hacer muecas. Qué lástima de pibe, de verdad.

—Oye —agarré del brazo al Botas y nos retiramos unos metros para estar solos—, ¿te ha dicho algo el Bande?

—El Bande está desaparecido, tronco. Pero hablo con mi mujer desde locutorios. Y ella dice que todo va bien.

—Pero ¿el pavo va a ceder o no va a ceder?

—De eso no saben nada.

—Y la niña...

—No te preocupes por la niña. Las pibas la están tratando como a una princesa, coño.

—Pero si el Borjamari no cede...

—Pues si no cede la soltamos y punto, cojones, ya lo hemos dicho. Tiene que parecer que si el nota no traga le vamos a hacer algo, pero no le vamos a tocar ni un pelo. El propio Bande lo dijo, ¿no te acuerdas?

Era verdad que lo había dicho. Cuando habló de viajar en el tiempo y tener la oportunidad de cargarse al bebé Hitler o al bebé Stalin. Lo que pasaba era que a mí no terminaba de írseme de la cabeza que había secuestrado a una criatura. Tenía que tranquilizarme.

—Lo dicho, troncos, yo me abro.

—¿No quieres una birra?

—No. Voy a llamar a Lola y luego para keli.

Se marchó. El Botas no era un borracho como nosotros. El Roberto, el Pirri y yo tiramos para el parque de Canillejas. Las temperaturas seguían inusualmente altas para la época del año en la que estábamos. Si el Roberto seguía en el hostal era por el asunto del Borjamari. A estas alturas y con este calor, otro año ya habría recogido el colchón y sus peluches y se habría ido para el parque de San Blas.

—¿Queremos yonquilatas o milnueves? —les pregunté desde la puerta del chino.

El Pirri optó por la yonquilata de Mahou roja. El Roberto y yo nos habíamos vuelto de morro fino con la delicatesen de Estrella Galicia. No íbamos ni por la mitad de las nuestras cuando el Pirri ya se había bebido la suya. Fue al chino a por más. Además, se sacó una botellita pequeña de JB. Se hizo un porro. Desvariaba un poco. Bueno, un poco bastante, para ser sinceros.

—Es que..., qué hijoputas estos maderos, troncos, parecía que iban a pachas con los rapados.

—Venga, colega, puede que otras veces sí, pero hoy les han metido bien con las porras, que este y yo estábamos guipando desde el balcón —dije.

—¿Es verdad eso? —preguntó al Roberto. El abogado asintió—. Y el puto fondo buitre este de los cojones que... Y el Tijeras, con la cabeza abierta y su..., su vieja, tío..., con el padre sustancias de los huevos y..., joder, mi Lola, tronco, que viene a verme y marrón que se come..., vaya mierda todo, ¿no? Viene y la meto en un jari de tres pares de... Grñfssssss...

—Tranqui, tron —le dije—. Anda, trae.

Le cogí la china y me hice yo el peta que él ya no era capaz de liar. Se lo di para que lo encendiera. Lo hizo entre lingotazo de birra y lingotazo de whisky. Luego me lo pasó y después se levantó del banco en el que estábamos apalancaos. Se tambaleó, extendió los brazos, como si fuera a echar a volar. Pero lo que hizo fue echar a correr farfullando palabras que no entendía nadie. El cabronazo parecía Parry en aquella peli, ¿cómo se llamaba? Ah, sí, *El rey pescador*. Robin Williams corriendo perseguido por monstruos imaginarios y Jeff Bridges corriendo detrás de él intentando que parara.

Las familias panchis que a esas horas cenaban al aire libre o se tomaban sus birras se apartaban a su paso, como si el Pirri fuera el diablo. Cada vez gritaba más y apartaba de su trayectoria, quien sabe, obstáculos que solo veía él. Salimos corriendo detrás, pero no logramos agarrarlo. El Roberto y yo estábamos demasiado lejos de estar en forma. Finalmente, el Pirri se estrelló contra un árbol y cayó al suelo inconsciente. Tenía sangre en la cabeza. Algunos panchis se acercaron, para ayudarnos.

—Gracias, tíos. Lo vamos a llevar al hospital, no vaya a ser que ...

Entre todos lo llevamos a un banco cerca de la calle San Mariano, al lado de la estatua del Yiyo. Paré un taxi a los cinco minutos. Montamos al Pirri atrás y nosotros subimos cada uno por un lado.

—Hala, que no sea nada, güeys —dijo un panchi. Nos despedimos de todos.

Le dije al taxista que nos llevara a Urgencias del Ramón y Cajal, que a nuestro colega le había dado un chungo. No tardamos ni veinte minutos. Lo pasaron para adentro y yo me quedé en la ventanilla con su cartera. Encontré la tarjeta sanitaria y se la entregué a la chica de recepción.

—Oye, tronco, no sabemos cuánto vamos a estar aquí —le dije al Roberto—. ¿Por qué no sales y buscas un chino antes de que cierren? Hay uno al lado del bareto gallego. ¿Sabes dónde está?

Vaya pregunta. Todos los borrachos teníamos la ubicación mental de los chinos de los alrededores. Íbamos teniendo una edad y cada vez frecuentábamos más el Ramoni, como llamábamos coloquialmente al Ramón y Cajal. Ley de vida. Ley de pollas, que cada vez estaba más harto de lo que veía en el espejo cada mañana.

El Roberto asintió, lentamente, sin fuerzas. Parecía que se iba a quedar dormido de pie.

—Yo me quedo arreglando los papeles.

—Vale. ¿Qué pillo?

—Pues mira a ver si tienen milnueves y, oye, no sería mala idea unas botellitas de esas, como la que ha pillado el Pirri antes, de JB o Johnnie Walker, lo que haya.

—Para tanto no voy a tener.

El Roberto miró a izquierda y a derecha, como si esperara que un mago hiciera un truco y sacara algo de pasta de una chistera. Pero el mago fui yo.

—Toma, anda.

Se marchó con los cincuenta pavos que le di en la mano. Iba encorvado y llevaba sus cuatro pelos grises arremolinados. Llevaba media camisa vaquera azul claro metida por el pantalón y la otra media por fuera, un pantalón ancho de algodón de un color pardo indeterminado, salpicado de manchas. Parecía que iba a hacer un casting, pero para una peli de sintechos, de vagabundos que lo habían perdido todo. Claro que mi aspecto tampoco era como para ir ni siquiera a una reunión de vecinos. Los gitanos que estaban por allí esperando a que les dijeran que su familiar estaba bien o que lo tenía jodido eran mucho más elegantes que nosotros. Sobre todo, los jóvenes, con peinados modernos, camisas de marca y zapatos que valdrían más que cinco kilos de chuletas de cordero.

Me senté en una butaca de plástico, lo más alejado posible de la gente, pensando en la mierda de vida que me esperaba. No era la primera vez que el Pirri, el Tijeras, el Roberto o yo acabábamos en Urgencias porque nos había dado un yuyu o porque nos habíamos caído. La puta priva de los cojones nos tenía agarrados por los huevos.

El Roberto volvió. Sonreía. Llevaba una bolsa de plástico de color verde de la que sacó dos milnueves y dos botellas de ¡Johnnie Negro!

—Joder, tronco, ¿has ido al Corte Inglés de los chinos?

—Algo así.

Me dio las vueltas.

—Y encima te sobra pasta. Eres un crack, tron.

Volvió a sonreír. Nos salimos fuera y abrimos dos de Johnnie y dos birras.

—He pillado unas patatas, ¿las abro?

—Venga.

Abrió la bolsa. Nos sentamos en un murete que rodeaba una especie de jardín que tenía hierbajos y muchas colillas de tabaco y botes de cerveza y refrescos. La peña era muy cerda, porque estábamos rodeados de papeleras. Vacías.

Terminamos las patatas y encendimos un par de trujas. Los dos sabíamos que lo del Pirri era rutina, pero claro, con el golpe en la almendra y tal, tendrían que hacerle escáner y toda la pesca.

—¡Coño! ¿Qué hacéis vosotros por aquí? —era el Tijeras, que salía de Urgencias con un vendaje de la hostia en la cabeza.

—Pues na, que al Pirri le ha dao un amarillo. —Le conté la historia.

—Hostia puta...

—Sí, no veas la que se ha montao en el parque. Menos mal que no han pasao los maderos. Por cierto, si al

Pirri también le vendan la cabeza, en la panda vais a ser más la peña vendada que los que vamos sin vendar, jajajaja...

—¿Qué te han dicho? —preguntó el Roberto.

—Nada, que no hay lesiones internas, pero que si veo cualquier cosa rara que me venga echando hostias. Y que no beba y que no fume. ¿Tenéis una birra?

—Birra y Johnnie Negro —contesté alcanzándole un bote y una botellita.

—Jooooder... Mejor que el servicio de habitaciones de un hotel, colegas.

Abrió el Johnnie y se bebió más de media. Las botellitas eran tan pequeñas que podías pimplarte una de un trago. Después abrió la birra y brindamos.

—Por el Pirri, porque no sea na —dijo. El Roberto y yo alzamos las birras y bebimos.

Terminamos de beber y entramos para adentro. Al cabo de media hora volvimos a salir. Volvimos a beber, volvimos a fumar y volvimos a decir gilipolleces. Lo hicimos varias veces. A las tres de la mañana preguntaron por los familiares del Pirri. Nos identificamos como amigos. Le dijimos al médico que no tenía familia.

—Tiene un traumatismo en la cabeza. Le hemos hecho un lavado de estómago y le hemos puesto medicación para la ansiedad por el alcohol. Ya ha estado aquí más veces y todas ellas le hemos dicho que tiene que dejar de beber y de fumar.

Los tres lo mirábamos, asintiendo, escuchando esa historia tan triste que otras veces otros médicos habían contado sobre nosotros. El médico lo decía como si el Pirri fuera gilipollas, como que era muy fácil hacer lo que te decían. Como si la primera vez que un jodido matasanos te dijera que no hay que beber fueras tú y dijeras; «Sí, doctor, lo haré, cómo no me he dado cuenta antes».

—Se va a quedar ingresado, en observación. Si todo va bien, es posible que mañana mismo le demos el alta, pero nunca se sabe.

—¿Podemos verlo?

—Pueden entrar, pero solo dos. Está en el box 7. Dense prisa, porque vamos a sedarlo.

—Id vosotros —dijo el Roberto—. Os espero aquí.

El Pirri estaba tumbado sobre una camilla con un pijama de esos de hospital que son abiertos por detrás y que nunca he entendido. Sonrió al vernos. Llevaba la cabeza vendada. Esto empezaba a parecer una secta. Los Cabezas Vendadas del Advenimiento de los Iluminados del Séptimo Día, o algo así.

—¿Qué te han dicho? —le preguntó al Tijeras.

—Na, el golpe. Hijoputas los skins.

—Sí, pegan duro. Están cuadraos del gimnasio y de las bebidas energéticas, tronco. Y beben batidos de proteínas que mezclan con farlopa y se convierten en hijoputas sin neuronas. Es lo que hay.

—¿Qué tal estás? —le pregunté.

—Pues dabuten. No sé qué me habrán metido, tron, pero estoy de un *happy* que pa qué. Oye, ¿qué pasó? Lo último que recuerdo es la mani.

Le conté toda la película y el nota flipó.

—Joooooder... Oye, Zip, perdonadme el Roberto y tú, que vaya marrón.

—No hay nada que perdonar. A lo mejor un día eres tú el que me trae a mí. Entonces, ¿estás bien?

—Sí. Han debido meterme lo que sea que he estao flipando, colegas. He tenido un sueño pero que te pasas de real, troncos.

Yo empecé a imaginar que había visto un túnel con una luz al final, con seres de luz, con mucho amor y toda esa vaina. Pero no.

—Resulta que yo era catedrático de literatura comparada en una universidad yanqui. ¿Os imagináis? Yo, catedrático, jajaja... Y el Cortecín, mi colega el bibliotecario, era el rector de los cojones. Y resulta que el Cortecín se empeñaba en llamar a unos cuantos escritores internacionales para imponer unas bases, como una carta fundacional del Realismo Sucio, con unos postulados y toda la pesca. Así que me tocó llamar a Dario Džamonja, Charles Bukowski, Raúl Núñez, Mohamed Chukri, Hubert Selby Jr. y Pedro Juan Gutiérrez.

Yo no sabía de lo que estaba hablando. Conocía al Bukowski ese de oídas y hubo un Pedro Juan Gutiérrez en mi clase de EGB, pero obviamente no creo que se refiriera a mi compañero de pupitre. El Pirri estaba flipando por la medicación. Pero claro, era un tipo muy leído, siempre con sus novelas y sus crucigramas.

—Ya ves tú qué paranoia, troncos, porque la mayoría están muertos, pero en los sueños... El caso es que hicimos la reunión en el bar de un hotel de lujo, después de cenar.

Tosió e hizo una pausa. Luego se quedó mirando al techo. Tenía como una telilla en los ojos del color de un cristal sucio y las pupilas muy dilatadas. Como no siguió contando la historia y temí que se hubiera vuelto a desmayar, le cogí el hombro y lo moví un poco.

—Pirri... Pirri. ¿Estás bien, tronco?

—Eh... Sí, sí... —Sonrió y volvió a recuperar el brillo de la mirada.

—¿Y qué pasó?

—¿Qué pasó? ¿Dónde?

—En la reunión de los escritores. ¿Hicieron ese manifiesto?

—Qué van a hacer. No lo hicieron ni esa noche ni nunca.

—¿Y por qué?

—Pues porque bebieron hasta caer inconscientes.

Y empezó a partirse la polla. El Tijeras cambió de tema y le contó al Pirri que se quedaba ingresado por precaución.

—Van a subirte a una habitación. Yo me quedo contigo.

—Gracias, tron, pero no hace falta. ¿Tú cómo estás?

—Yo estoy bien. Y esto es un hospital. Si se pinta, mango un par de oxys. Ah, y sí hace falta que me quede. Ahora me voy a salir con el Zip. Luego te veo.

—Dabuten.

Fuera estaba el Roberto, con la barbilla hincada en el pecho, roncando suavemente.

—Vosotros marcharos, tío —me dijo el Tije—. Con que me quede yo vale. Aquí no hacéis na. Eso sí, si queda algo de priva…

—Quédate toda. Yo tengo más en el hostal.

—Cojonudo. Hala, piraros ya.

Desperté al Roberto. Pillamos un pelas y tardamos menos incluso que al venir. Todavía nos echamos un Johnnie Negro, este ya de mi reserva particular, sentados a la pequeña mesa del balcón de mi habitación, contemplando el jodido silencio de la calle. Miré el correo electrónico en la pantalla del móvil. A esas alturas no veía ni un pimiento. Me puse las gafas de cerca y enseguida me llamó la atención un correo con un asunto muy particular: «5 Jotas». Lo abrí. Era escueto: «En el Nemesio. Mañana.13 h. Tú solo». 5 Jotas era la marca de los jamones del palo que habían dado en su día el Charli y el Banderines. Blanco y en botella.

39

Cayetano Aguado entró en su casa y lo que escuchó nada más abrir la puerta fueron los sollozos de Rebeca, su mujer. Hasta ahora, llegar a casa había sido como entrar en una fiesta, con su mujer y su hija felices, recibiéndole con una sonrisa. Desde el secuestro de la niña era como entrar en una cripta funeraria. Nada de lo que había en casa, ni enseres ni recuerdos ni expectativas que antes le daban abrigo y consuelo, conseguían ahora darle otra cosa que desasosiego, tristeza y una opresión en el pecho que a veces parecía un principio de infarto y que no era otra cosa que ansiedad. Por lo menos, el trabajo le distraía. Echaba de menos a su hija. Y echaba de menos a su mujer, por mucho que la tuviera delante de los ojos. Y deseaba, algo que no le había pasado nunca, matar con sus propias manos a los tipos que le habían privado de su niña.

Lo primero que hizo fue ir al salón, ponerse un vaso de whisky y engullir un Trankimazin. Se le hacía imposible estar en casa totalmente sobrio y con esa pena que pesaba como una losa.

—No sé cómo puedes trabajar tan campante mientras nuestra hija... —Macarena rompió a llorar.

Cayetano la abrazó con la intención de confortarla. Ella lo apartó bruscamente, por primera vez desde que estaban juntos.

—¡Déjame! ¡Deberías estar buscando a nuestra hija!

—Oye, sé que hablas desde la desesperación. También es mi hija.

—¡Pues no lo parece!

—Estás siendo injusta.

—¿Injusta?

—Sí, injusta. Ni tú ni yo tenemos la culpa de...

—¡Desde luego que no! ¡Tu padre! ¡Tu padre es quien debería traer aquí a su nieta!

—¡Mi padre está haciendo todo lo posible! Vamos a calmarnos.

—No puedo calmarme.

—Yo tampoco. Escucha, la Policía y la Guardia Civil están trabajando para encontrarla. Además, mi padre ha contratado a gente de forma privada que también están haciendo lo posible por coger a esos desgraciados.

Cayetano volvió a llenar su vaso de whisky.

—¿Te apetece un trago?

—Sabes que no bebo.

—Yo tampoco bebo como lo estoy haciendo últimamente. Me ayuda a...

—Lo que faltaba, que te hicieras alcohólico precisamente ahora.

—No voy a hacerme alcohólico, joder. Solo me ayuda a relajarme, nada más.

—Y las pastillas.

—Tú también tomas pastillas. De hecho —sostuvo en alto el blíster de ansiolíticos—, estas son tuyas.

—Pero no las mezclo con alcohol.

Cayetano echó un trago. Lo del secuestro no solo era la falta de la niña, la incertidumbre de no saber dónde estaba, de si se encontraba bien. Lo del rapto de Cayetana estaba haciendo que su matrimonio se estuviera hundiendo, como un trasatlántico imponente comportándose como un barco de papel en la inmensidad de una tormenta.

—Tu padre siempre ha sido un gilipollas engreído. Si por él fuera, nuestra hija terminaría muerta antes de ceder a las pretensiones de esos secuestradores.

—No digas eso.

—Es la verdad. Ni por un momento se le ha pasado por la cabeza ceder al chantaje, aunque su nieta esté retenida.

—Mi padre es como es y a estas alturas no le vamos a cambiar. Nunca ha cedido. Ante cualquier contienda siempre ha competido. Y lo ha hecho para ganar.

—Hablas del secuestro de nuestra hija como si fuera un partido de fútbol. Escucha, quiero a mi hija. ¡Aquí! ¡Ya!

Macarena rompió a llorar tumbada bocabajo en la cama después de recorrer a paso ligero la distancia hasta la habitación. Cayetano corrió tras ella, traspasó el umbral de la puerta y fue a consolar a su mujer. Pero ella parecía tener ojos en el cogote y, sin volverse, le dijo que ni se le ocurriera tocarla y que la dejara sola.

Volvió sobre sus pasos. Salió al jardín. La temperatura era agradable. Se sentó con el vaso otra vez lleno y se encendió un cigarro. Pensó en su padre. ¿Qué era en realidad? Un tipo capaz de meterse en el bolsillo a políticos, periodistas, empresarios y hasta a militares. Todos bailaban al ritmo que él imponía. Y él, su hijo, heredaría su imperio. ¿Era eso lo que quería? Por primera vez tuvo dudas. Por primera vez, alguien estaba haciendo daño a su padre, a don importante, y se lo estaban haciendo a través de él, a través de su familia.

Sintió un vacío en el cuerpo como nunca antes lo había sentido. Algo empezó a fraguarse en su estómago, convertido en una olla a presión. Y sintió como si algo subiera desde el mismo hasta la faringe, pasando por el esófago. No era vómito ni líquido. Era energía. Abrió la boca todo lo que pudo y gritó. Pero no articuló ningún tipo de sonido. Fue un grito ahogado, como el de Michael Corleone en *El Padrino III* cuando disparan a Sofía Coppola, su hija en la ficción. Pensó en ello como cinéfilo cuando por fin se liberó. Y comprendió a un nivel muy profundo lo que significaba ser padre. Se compadeció de Al Pacino cuando vio la película por primera vez. Pero ¿quién iba a compadecerlo a él? Porque una cosa era la jodida ficción y otra la puta realidad. Volvió a fumar. Y volvió a beber hasta que se quedó inconsciente en su lujosa hamaca de su bonito y cuidado jardín con el vaso de cristal hecho añicos a sus pies.

40

Llegué al Nemesio echando el bofe. La resaca era de las guapas. Había vomitado en el hostal y había apurado el resto de la botella de Johnnie Negro, pero no llegaba ni para un chupito y el frigo estaba sin una puta birra. Había que reponer, pero ya. Le pedí al Nemesio una copa de JB o algo así, porque allí el Johnnie Negro no lo habían visto ni en las películas. Además, le pedí un tercio. Al menos tenían Mahou roja, todo un lujo en ciertos ambientes, porque a la que te descuidabas te daban la verde.

En el patio estaba el Banderines, solipandis, fumándose un truja frente a un tercio. El sol se filtraba entre las cañas y los trozos de uralita que componían el chamizo. Levantó la vista, me miró y sonrió.

—Siéntate, tronco. ¿Cómo van las cosas?

Le conté todo lo que había pasado la noche anterior.

—Espero que no te importe hacer de interlocutor, pero estos y yo tenemos a la pasma encima. Ya contaba con ello. Y más ahora. Un secuestro es cosa seria.

A mí, después de haber hecho de secuestrador, hacer de interlocutor, fuera lo que fuera, no me importaba una mierda.

—Tuve al nota sin decirle nada de su nieta más de un día, para añadir tensión a la movida. Cuando le informé de lo que pasaba y de lo que quería, su reacción no fue la que yo esperaba.

—¿Prefiere que maten a su nieta?

—No, no es eso. Pero estos hijoputas no están acostumbrados a dar su brazo a torcer. Piensa que la Policía va a rescatar a su nieta y seguro que tiene gente, seguridad privada o detectives buscándola también. Hará todo lo que pueda antes de ceder.

—¿Entonces?

—Tocará todos los palillos antes de que nos salgamos con la nuestra. El Pestañas, ya sabes, el primo del Charli, el *hacker*, le controla sus ordenadores y sus móviles. El nota se mensajea con ministros, con directores generales, vamos..., el puto flipe.

—¿Le has dado un ultimátum?

—Todavía no. Voy a dejar pasar un par de días.

—¿Y si no cede?

—Si no cede soltaremos a la niña. Y probaremos con otra cosa.

—¿Ya lo has planeado?

—Sí. Reúnete con estos y cuéntales cómo está el tema. Diles que a partir de ahora hablaré contigo, que no estás fichado. De todas formas, tronco, controla que no te sigan y que no te vigilan. Sí, ya sé que no eres un profesional, pero haz lo que puedas.

—Vale. Sé lo que me juego.

—El trullo.

—Sí, el trullo, no soy gilipollas. Hemos secuestrado a una niña, ya lo sé.

—Pues eso, colega. Nos vemos. Cuídate.

Entrechocamos los puños y me quedé allí, echando buchito de whisky y trago de birra, trago de birra y buchito de whisky. Me encendí un pitillo y al rato, cuando consideré que el Banderines ya estaría lejos de allí, me fui a lo del Julito. El Roberto me esperaba. Le había dicho lo del *mail* del Banderines antes de marcharme y me preguntó. Se lo conté.

—Joder —dijo tela de lacónico—. ¿Y entonces qué?

—Pues entonces a esperar. No hay otra.

Carmen, la pitonisa, echaba las cartas del tarot a una piba de setenta tacos o más. Le decía que su vida iba a cambiar, que iba a encontrar a un hombre bueno que la iba a sacar de todos los problemas económicos que estaba pasando. Los sobrinos del Araña hacían planes para reventar a los maderos en la próxima mani. La mitad de ellos tenía magulladuras por todo el cuerpo de los porrazos y las pelotas de goma de los antidisturbios. Por lo demás, el resto del público, eran borrachos de paso y borrachos fijos, la rutina de cada día, incluyendo al Julito, que atendía la barra con cara de enterrador.

—¿Has visto al Botas?

—Qué va, tío. Supongo que se pasará a lo largo del día —dijo el Roberto.

—¿Se ha sabido algo del Pirri?

—Le pregunté al Julito en cuanto bajé. El Tijeras sigue allí con él. Le ha dicho que lo más probable es que le den el alta.

—Bueno, pues mira, una buena noticia. ¿Cómo tienes el cuerpo?

—De puta pena.

—Entonces como siempre. Te lo digo por si te apetece pasarnos por La Despensa y pillamos un menú.

—Si me financias...

—Claro, tron, claro.

Nos marchamos después de una última birra. En el restaurante, el camarero me recomendó un crianza de una bodega, La Veguilla. Se lo acababa de hacer llegar un representante de Ribera del Duero. Así que decidí que lo probaríamos.

—Coño, pues está rico —dijo el Roberto.

—A mí ya me vale.

El garito empezó a petarse de los mismos sarnosos de cada día. Además, ese día tocaba cocido completo y la peña se lo pedía como si no lo hubiesen probado nunca. Menudos gilipollas. El Roberto y yo nos pedimos la sopa, pero de segundo dos entrecots. Total, valía lo mismo que los garbanzos. Nos pillamos una botella de Johnnie Negro en el chino y dos packs de birras. Salía más rentable. Nos fuimos al hostal. Nos echamos la siesta después de dos copazos guapos.

Tuve sueños de esos que te levantas y parece que sigues soñando. Soñé que estaba en el hospital, con la cabeza vendada, y que el Pirri estaba conmigo, cuidándome. Supongo que añoraba pertenecer a la secta de los Cabezas Vendadas del Advenimiento de los Iluminados del Séptimo Día. Fui al lavabo. La cabeza me dolía de verdad, pero era de otra cosa.

El Roberto me saludó. Su careto no era mejor que el mío. Los dos íbamos a lo mismo, a ver dónde coño habíamos dejado la botella de Johnnie, a ver si había quedado algo, a ver... La encontramos en el suelo, al lado de la pata de la mesa. Quedaba algo menos de media. Sonreímos. Nos echamos un copazo y encendimos dos cigarrillos, sentados a la mesa del balcón. Primero pasó el 48. Unos minutos después, el 140. Poco tiempo después, la marquesina volvía a estar poblada de gente. Tipos que volvían a casa después del curro, mujeres con críos de los que colgaban mochilas, chavales y chavalas que regresaban del instituto... Los obreros del Canal de Isabel II seguían abriendo zanjas. Las mismas del año pasado. Y del anterior. Cada año taladraban el asfalto, metían tubos y cajas de registro. El año que viene volverían a abrir. Un flipe. Del edificio del Botas entraban y salían vecinos con la incertidumbre de si volverían a entrar o a salir, con la ansiedad de quien está a punto de quedarse sin su casa porque un tipo rico lo ha decidido. El bar del Julito seguía allí y los primeros borrachos entraban para beber y alcanzar el estado de nirvana.

Eché otros dos copazos y maté la botella. El Roberto asintió de manera breve, con su típico laconismo, con esa forma de decir sin pronunciar que todo le importaba una mierda, que la vida y él eran incompatibles, que el parque de San Blas le estaba llamando y que pronto abandonaría el hostal.

—¿Qué crees que hará el nota? —dijo de pronto.

Volvió a pasar el 48. Dos tipos panchis gritaban, pero no porque estuvieran enfadados, es que era su forma de mantener una conversación.

—Ni puta idea, colega. Si pudiera meterme en el cerebro de esa puta gente, a lo mejor estaría ahora comprando edificios.

—Ya. Pero es su nieta. No entiendo que sabiendo que está secuestrada no sea capaz de...

Claro, ni yo. Pero por eso él tenía un fondo buitre y yo un hostal. Por eso él estaba forrado de dinero y yo era un borracho amigo de los yonquis y de los sintecho del barrio. El Roberto se quedó a medias en su frase, mirando los últimos pasajeros que subían al 140. No todos irían a Pavones, final de trayecto, que yo no sabía ni dónde coño estaba. Con el segundo copazo la imaginación ya iba a su bola. Me dio por pensar en el jodido autobús como una metáfora de la vida. Unos llegaban hasta el final, otros se bajaban en paradas intermedias. Y otros ni siquiera lo cogían porque llegaban tarde. La historia de Zip, pensando gilipolleces siempre, borracho o sobrio, alegre o triste, dormido o en vigilia. Qué pereza me daba a mí mismo.

Terminamos las copas y bajamos al tugurio del Julito. La Carmen le decía a un tipo calvo y con barriga que iba a encontrar una novia mucho más joven que él y, como el nota necesitaba creerlo, pues la creía. Los sobrinos del Araña veían vídeos en sus móviles y tomaban sus bebidas energéticas. Un par de borrachos solitarios daban sorbitos a sus copas y miraban el suelo, como buscando una moneda que se les hubiese caído. El Julito hacía cosas de camarero detrás de la barra, cosas que yo nunca era capaz de adivinar, más allá de limpiar con el trapo o poner los vasos en el lavavajillas, por mucha imaginación que le echara. Pedimos dos birras y nos sentamos. Al cabo de un rato apareció el Botas. Nos acompañó. Y cuando iba a contarle mi reunión con el Bande aparecieron el Pirri y el Tijeras, así que ya estaban allí, la secta de los Cabezas Vendadas del Advenimiento de los Iluminados del Séptimo Día.

—¿Qué te han dicho? —preguntó el Botas.

—Na, que deje de beber, de fumar, de follar y de vivir —contestó el Pirri—. Lo de la cabeza no es nada, solo el golpe.

Pidieron de beber y se sentaron con nosotros. Fue entonces cuando les dije que el Bande me había escrito y que había estado con él donde el Nemesio. Fliparon.

—Dice que los maderos os tienen controlados, por estar fichados y eso. Así que por eso me llamó a mí.

—¿Qué te ha dicho? —El que hizo la pregunta fue el Tijeras mientras se encendía un piti.

—Poca cosa. No hay nada nuevo. El pavo no traga. Cree que la Policía y sus contactos le devolverán a su nieta. Dice que ya lo esperaba, que estos tipos no están acostumbrados a dar su brazo a torcer. Poco más, que ya nos irá diciendo y tal.

—¡Qué hijo de perra! —dijo el Pirri.

—Este mamonazo es capaz de dejar que unos cabrones de mierda hagan daño a su nieta antes de permitir que les digan lo que tienen que hacer. —El Botas dio un puñetazo en la mesa y el Julito miró sin mirar, como una leona acechando a un antílope en la sabana. Era su jodida naturaleza.

Los cabrones de mierda éramos nosotros.

—Dice que, si no se aviene a razones, que tiene preparada otra movida, pero no me ha dicho nada más. Que esperemos.

Y allí nos quedamos, en silencio, cinco tipos a punto de ingresar en la tercera edad mirando sus vasos, con menos expectativas que un equipo de un país de tercera en la Champions. El Botas se levantó y pidió otra ronda. El Julito asintió. El Pirri se levantó para ayudar al Botas. Estaba claro que no iba a hacer caso a los médicos. El tipo de la pitonisa sacó cincuenta pavos y se los dio a la Carmen, que sonrió como una hiena. Después, cerró el chiringuito y se acercó a la barra. Tuvo un intercambio de pasta con el Julito. La comisión, fijo. Antes de irse se acercó, sonriendo, con sus tetas siempre a punto de rebosar el escote.

—¿Os habéis puesto de acuerdo? —preguntó, señalándose la cabeza en relación a los vendajes de esos tres.

—Es que tenemos ahora un casting —dijo el Pirri—. Es para una peli de la guerra civil. Van a rodarla en Las Vegas y si nos cogen salimos mañana en avión para allá.

—Jajajajajaja… Yo es que me parto, me parto… Oye, ¿dónde has dejado a Lola?

—Está allí, buscando hotel.

—Jajajaja… Hasta luego, chavales. Es que me meo toda…

Estuvimos allí más o menos una hora. El Botas se fue antes. El Botas siempre se iba antes. Discutimos posibles nuevas acciones que solo estaban en el cerebro privilegiado del puto Banderines. Por lo demás, el tema del fondo buitre seguía en los medios, por la repercusión de las manis y por la caña que daban el sindicato de inquilinos y la gente de los antidesahucios que habían hecho de lo del edificio su causa.

Nos fuimos al parque de Canillejas, con nuestras milnueves del chino, con nuestros pitis, con nuestras movidas, con nuestras frustraciones. Entre los cuatro teníamos más de doscientos años. Ya estaba pensando gilipolleces. Zip, el tipo de las ocurrencias absurdas. Zip, el borracho. Zip, el jodido bicho raro que no era capaz de mantenerse sobrio ni cinco minutos.

Después de una hora habíamos llenado la papelera de al lado de latas arrugadas. El chino estaba a punto de darnos la tarjeta de socio. Esta vez el que se cayó de cabeza fue el Roberto.

41

Lo del Roberto no fue nada grave. Un susto, como el del Pirri. De hecho, dos días después estábamos en lo del Julito divagando.

—La verdad, hay días que no me apetece levantarme, tronco —dijo el Roberto.

—Es que la vida es dura, colega. A veces la vida es muy dura y hay que disfrutar el momento. Además, quién sabe, lo mismo podría habernos pillao un coche cruzando la calle.

—Sí, los caminos del Señor son inescrutables, ¿no? Para quien crea, claro.

—Para quien crea, sí.

—Sí, porque yo a estas alturas...

—A ver, calla, calla un momento.

En la tele estaban dando una noticia. Acababa de pasar. A Borja María Aguado acababan de dispararle en plena calle al salir de Feldix, en Nuevos Ministerios.

—¡Jooooder!

—Sí. Jooooder —le dije al Roberto.

Los dos seguimos mirando la tele alucinados. Una cámara de seguridad había grabado la escena. Un tipo con sudadera y capucha, gafas de sol y mascarilla se había acercado y le había disparado en una pierna. Un tipo alto. Esbelto. Un tipo ¿como el Banderines? Pues sí, un nota que podía ser el Bande. Pero que era imposible de demostrar a pesar de las imágenes. Se veía claramente que apuntó la pipa para abajo, lo que probaba que no lo quiso matar. Podría haberlo hecho. Un tiro en el muslo derecho, según decían en la tele. Después, el tipo se había dado media vuelta. Había testigos que aseguraban que el pistolero se había montado en el primer coche que vio parado en un semáforo, pero no se sabía bien del todo.

—¿Será el Banderines? —preguntó el Roberto.

—No lo sé, tronco. Desde luego, a mí me dijo que si no salía bien lo del secuestro tenía otra acción preparada, pero no me dijo cuál.

A continuación, el locutor continuó con la historia y la unió con el secuestro de la nieta. Dijo que la Policía estaba investigando todo y que estaban cerca de detener a los culpables y ponerlos a disposición judicial. Eso me produjo un nudo en el estómago que había que deshacer con algo más que con cerveza. Así que me pedí una copa de whisky. Nos tomamos los copazos. Tenía ganas de ver a estos a ver si sabían algo. A ver qué coño pensaban. El Bande dijo que a partir del momento en que lo vi en el Nemesio solo se comunicaría conmigo, pero yo no llegaba a comprender lo que podría tener en el cerebro ese jodido cabrón.

Llegaron el Pirri y el Tijeras, pero no les dio tiempo ni a acercarse hasta nuestra mesa. Detrás entraron los maderos, los mismos que los vigilaban desde hacía días.

—Han estado en casa del Botas los cabrones y también han hablado conmigo. La madre que los parió... Hablarán también con vosotros, me juego el cuello. A estas alturas barruntan que también estáis en el ajo —dijo el Julito cuando le pedimos dos birras.

—Pues qué bien —dije.

La predicción del Julito se cumplió dos minutos después, como si la hubiera hecho Carmen, la pitonisa, que en aquel momento leía la mano a una señora necesitada de que le leyeran la mano y seguramente de que un cura le diera la extremaunción, porque no tenía muy buena cara ni muy buen color.

—¿Podemos hablar con ustedes? —me dijo el Joaquín, enseñándome su placa, como si yo no supiera que era madero. Le acompañaba Rupérez. Los conocíamos, pero los notas tiraron de protocolo. Era su obligación.

—Claro. ¿Nos sentamos?

—Si lo prefieren...

El Joaquín, que llevaba la voz cantante, me hizo un resumen de la situación del edificio en el que estábamos y me habló del secuestro de la niña Caye y del tiro que le habían dado esa mañana a su abuelo. Le interrumpí.

—Oiga, no sé por qué me cuenta esto. Yo solo soy el dueño del hostal de enfrente y me gano la vida de forma honrada.

—Sí, lo sabemos. Pero también son amigos de esos dos señores —señaló al Pirri y al Tijeras— y de otro señor al que apodan el Botas. Seguramente también son amigos del Banderines. ¿Me equivoco?

—Del todo. No voy a negar que los conozco, somos del barrio de toda la vida y tenemos la misma edad, más o menos. Incluso tomamos cervezas y vinos con ellos aquí. Pero de ahí a ser amigos... No, amigos no. Y al Banderines hace un huevo que no lo veo.

—¿Y usted? —le preguntó al Roberto.

—Yo los conozco por Zip, no soy de este barrio.

—¿Zip?

—Soy yo —le expliqué—. Abreviatura de Cipriano.

—¿Dónde han estado esta mañana?

—Somos diabéticos, así que por las mañanas nos vamos a andar. Hemos estado tomando una caña en el bar

Peláez y otra en el Shiray en la calle Amposta. Lo puede comprobar.

—Lo haré. Si me dejan que les haga una foto para preguntar a los camareros…

—Claro.

Me junté con el Roberto y el madero nos sacó la fotografía con su móvil. Estuve a punto de decirle que me la mandara por guasap. Zip, el graciosillo. Al final pasé, por tener la fiesta en paz. Sin embargo, no tuve la boca callada del todo.

—Oiga, como le he dicho, no son mis amigos. —Señalé con el mentón la mesa en la que estaban el Pirri y el Tije—. Pero puedo asegurarle que estos están fuera de circulación hace mucho. Si están pensando que ellos o nosotros tenemos que ver algo con lo que nos ha contado, están muy equivocados.

El madero me miró con una cara de no creerse nada de lo que le había dicho. Pero ni él ni nadie podían demostrar lo contrario. Se marcharon. Fuimos a sentarnos con el Pirri y el Tije. Fue este último el que me lanzó la pregunta.

—¿Sabes algo?

—Ni zorra idea, tronco. Este y yo hemos visto la noticia en la tele. Desde la última vez donde el Nemesio no he vuelto a saber del Bande.

—Qué hijoputa. Ha sido él fijo —dijo el Pirri.

—Yo creo que también —dije.

—¿Qué os han preguntao los maderos? —el Tije encendiendo un cigarro.

—Na, que si de dónde veníamos, que si erais colegas míos. No saben una mierda.

El Julito salió de la barra y trajo una ronda por su cuenta. Estaba desconocido.

—Estas van de mi cuenta. ¿Todo bien?

—Todo bien —le dije.

Al rato llegó el Botas. Era curioso. De los cinco, yo era ya el único que no llevaba la cabeza vendada. Era el elegido para ser el líder de la secta de los Cabezas Vendadas del Advenimiento de los Iluminados del Séptimo Día. Otra vez pensando gilipolleces.

—Qué tal, troncos.

Nos contó que los maderos le habían interrogado y le dijimos que a todos nosotros también.

También creía que el pistolero era el Banderines. Seguimos hablando sobre el tema un rato más.

—Si no se ha comunicado con nosotros o con el Zip —continuó hablando, señalándome— es porque no le hacíamos falta.

—Baja la voz, tronco —dijo el Tije.

—Le podría haber matao. ¿Habéis visto las imágenes?

—Es lo que le he dicho antes a este —señalé al Roberto.

—Le ha perdonao la vida —dijo el Pirri.

—La verdad es que muerto no nos vale para nada. —El Roberto se encendió un piti mientras emitía la sentencia lacónica de los huevos.

—Eso es verdad —contestó el Tijeras.

—O sí —dije por decir—. Lo mismo si está muerto su empresa pasaría del edificio.

—O no —dijo el Botas.

42

Al día siguiente, en la cama, mientras aguantaba las ganas de mear y de vomitar por pereza, se había emitido el parte médico del Borjamari. Básicamente, el nota solo tenía un orificio de entrada y salida en el muslo provocado por la bala sin afectar a otra cosa que no fueran algunos músculos. Feo, pero solo un agujero. ¿Es que hasta ese punto lo controlaba todo el puto Banderines? Vale que le disparó a una distancia corta, pero si hubiese disparado yo, seguro que le jodo al menda la rótula y los ligamentos, o no le doy. Puto Bande. Ni quería matarlo ni herirlo gravemente. Solo quiso que el Borjamari supiera que podía llegar hasta él cuando quisiera y como quisiera, algo que, por otra parte, ya debería saber. Joder, el Botas, el Pirri y el Tijeras ya habían estado dentro de su casa, le habíamos secuestrado a la nieta y ahora esto. ¿Qué más hacía falta?

Eché un copazo de Johnnie, para asentar el estómago, y me encendí un truja. El fuego del whisky en la garganta y en el estómago, eso sí, tragando poco a poco, me hicieron bien. Me miré al espejo. El tipo que me miraba desde el otro lado era un viejo arrugado, asustado, desesperanzado, un borracho que no sabía por qué llevaba dentro un colgado que le debió de colonizar desde pequeño, igual que un colono judío coloniza un terreno en Cisjordania: por toda la cara.

Me di una ducha con agua tibia y me cambié de ropa. Con la segunda copa la vida ya se veía de otra manera. No sé cómo lo haría la peña esta pureta que está siempre sobria. Lo mismo no están sobrios y se meten otras cosas, algo que les ponga la venda y que a la vez les permita funcionar en sus trabajos de mierda. Tenía que ser eso, sí, seguramente había drogas que producían ese efecto, drogas que se comprarían en internet y te llegaban a casa en un sobre de Correos, algo me habían contado, pero es que a mí ya me daba pereza cambiar de droga. Prefería el alcohol, tan a mano en todos lados. Y además lo servían en los bares, a los que te podías ir con tus colegas y echar el rato y unas risas, aunque estuvieran compuestas de sonrisas tristes.

El Roberto no se levantó mucho mejor que yo. Hizo los rituales en el tigre mientras yo, sentado a la mesa del balcón, controlaba a los repartidores, a los autobuses, a los coches y aspiraba el humo del cigarrillo, de los autobuses y de los coches. No quería llover. Sobre Madrid había una cúpula que representaba el fracaso de la humanidad en la lucha contra el cambio climático provocado por la quema indiscriminada a lo largo del planeta de combustibles fósiles de los huevos. Y eso que podíamos darnos con un canto en los piños porque, siendo Madrid una de las capitales más contaminadas de Europa, no podíamos compararnos con México D. F., por no hablar de las grandes ciudades en la India o en China. Allí la peña moría como chinches. Pero bueno, también eran muchos, y si no se los llevaba la contaminación se los llevaría el hambre o los misiles y drones que se estaban probando en varias guerras en todo el mundo.

—Qué, ¿cómo va el mundo? —preguntó el Roberto por encima del volumen de la radio.

—Como todos los días. La derecha rabiosa porque no gobierna, cada vez más guerras y el Madrid gana todo, pero los del Barça y el Atleti dicen que roban, y el Madrid dice que también le roban a él, en fin, la puta polla.

—Es que los del Barça y los del Atleti han tenido una semana jodida.

—Ya, tronco, pues que se la pique un pez. Por lo visto, es que Florentino tiene compraos a los árbitros, a los de España y a los de Europa. Y si gana el mundialito, a todos los árbitros del mundo.

—Y, de todas formas, yo no hablo de fútbol con esta peña, tronco. No entienden, así que es tontería. Si entendieran serían del Madrid, ¿o no?

—Curiosa reflexión.

—Es lo que es.

En ese momento volvían a dar la noticia de que el Borjamari estaba ingresado en el hospital de La Zarzuela y que su herida no era grave.

—El Bande no quiso causarle mucho daño. Fue más bien como un mensaje, ¿no?

—Eso ya lo he pensao yo, que para eso he madrugao más que tú. Anda, pon unas copas. ¿Qué tal la cabeza?

—Duele un poco, del golpe, pero lo llevo. Más duele la vida.

—¿Cuándo te quitan la venda?

—Pasado mañana, pero ya en el centro de salud del barrio. ¿Cuándo dijeron que era la próxima mani?

—Esta tarde. Se montará guapa también.

—Es lo que les queda a los vecinos. Protestar.

—Y les queda el Bande, aunque ellos no lo sepan.

—¿Tragará el nota?

—Ni puta idea, tronco.

Estuvimos un rato donde el Julito. Al Roberto no le apetecía andar con el dolor de cabeza, leve, pero molesto. Como hacía buen día nos dimos un pingüi por los alrededores y nos fuimos al parque de Canillejas. Vimos al Pirri venir con dos bolsas.

—¿Qué tal, colegas?

—Bien, aquí al sol echando unas milnueves —le dije—. Qué, ¿de la compra?

—Qué va, lo he chorao de una furgoneta que tenía localizá que hace descarga en la pescadería de la carretera de Vicálvaro. Me crucé con el nota un día y vi que tenía cara de toli. ¿Queréis una merluza?

—Gracias, tronco, pero es que nosotros comemos siempre en el bar. Congélala y así tienes para ir tirando.

—Voy a ir a darle una al Tijeras.

—¿Cómo va lo de su vieja y el cura?

—Parao. Les pondrán una multa y arreando. ¿Algo del Bande?

—Qué va. Lo que sí han dicho en la radio es que el Borjamari tiene solo una herida.

—Pues es raro que el Bande falle.

—Y tan raro. Yo creo que no falló. Solo quería darle un aviso. Otro.

—Qué hijoputa. Bueno. Luego nos vemos.

—Venga.

—Hasta luego —dijo el Roberto. Cuando el Pirri se hubo ido, añadió—: Este chaval tiene talento para los hurtos.

—Sí, es como si lo llevara en la sangre. Aunque nunca ha robado a un vecino o a un colega.

—Claro. Ladrón, pero honrao.

—Eso. Por cierto, hablando de zampa, ¿nos hacemos un Soria o una Despensa?

—Me la pela, tío. Lo que tú digas, que eres el que financia.

—Lo vamos viendo.

Nos bebimos tres botes en la siguiente hora. Nos levantamos del banco tambaleándonos. De los panchis, por las mañanas, ninguna noticia. Los niños iban al cole y los padres a sus trabajos, quienes los tenían. Y los que no, a la Glorieta Elíptica a ver si venía la peña de las furgonetas a ofrecerles algún curro por treinta pavos al día. Daba igual si era en una obra o en un jardín privado.

Finalmente, optamos por el Soria. Los padres de la Pili nos invitaron a una botella de Luis Cañas.

Cuando me levanté de la siesta puse la radio, me eché un copazo y me senté en el balcón a ver el panorama. La gente empezaba a arremolinarse en las inmediaciones del bar del Julito, que había cerrado. La gente iba de allá para acá, algunos con pancartas reivindicativas. Una decía NO A LA EXPULSIÓN DE LOS VECINOS DE SUS CASAS. Otra, más grande, para llevar entre dos, rezaba VOSOTROS, FASCISTAS, SOIS LOS TERRORISTAS. Había muchas, compitiendo en ingenio, en tamaño y en estética, porque había algunas que parecía que las había pintado un niño, mientras que otras tenían las letras perfectamente pintadas, hechas seguramente con moldes, muy curradas. No había ni rastro de skins ni de okupas. Seguramente los maderos los habrían interceptado antes de que llegaran.

Primero unos pocos y luego el resto empezaron a entonar la canción de Bella ciao y aunque solo se atrevían con la primera estrofa era todo un mérito porque en Canillejas de italiano ni zorra idea.

Una mattina mi son svegliato,
o bella, ciao! bella, ciao! bella, ciao, ciao, ciao!
Una mattina mi son svegliato
e ho trovato l'invasor.
O partigiano, portami via,
o bella, ciao! bella, ciao! bella, ciao, ciao, ciao!

El Roberto salió del tigre, blanco. Hoy le había tocado a él sufrir las potas y las colitis porque la cisterna no había dejado de sonar.

—¿Qué tal, tron?

—Aaaghhhh..., de puta pena. He echado vino, birra y bilis. La comida entera, colega.

—Tengo por ahí Fortasec y Almax.

—De momento voy a echarme un whisky, ¿puedo?

—Claro.

Se echó un Johnnie Negro y se encendió un cigarro. Abajo, empezó a llegar la gente de fuera y los de los sindicatos y asociaciones. A la hora señalada un tipo empezó a gritar por el megáfono. ¡De este edificio, no nos van a echar!, ¡de este edificio, no nos van a echar!, ¡de este edificio, no nos van a echar! El resto de la peña lo siguió. Después corearon otra consigna y luego otra. Se metían con los fondos buitre, con el Ayuntamiento y con la Comunidad de Madrid. Finalmente, con la Policía. Lo más suave que los llamaron fue esbirros. Luego entonaron otra canción típica que, seguro que les costó menos cantar, porque esta ya fue en español.

Unidos en la lucha, no nos moverán
unidos en la lucha, no nos moverán,
como un árbol firme junto al río
no nos moverán.
¡No, no, no nos moverán! ¡No, no, no nos moverán!
Como un árbol firme junto al río
¡No nos moverán!

Conmovedor. Los antidisturbios empezaron a llegar, con sus furgonetas especiales, que aparcaron detrás de las furgonetas y coches policiales normales.

—¡Zip! ¡Zip, tronco! ¡Mira lo que están diciendo!

Estaba tan flipao con la película de abajo que me había desentendido totalmente de la radio. De no ser por el keo del Roberto ni me habría coscao de la movida.

Era increíble. Estaban diciendo que Feldix había hecho un escueto comunicado en el que declaraban que la empresa había dejado de tener interés en un edificio que pretendían comprar en Canillejas, porque había más oportunidades de servicio en otros barrios del centro. No podía creer lo que estaba escuchando.

—¿Lo has oído, tío? ¿Lo estás escuchando?

—¡Sí, joder! ¡Joder, joder, joder, joder! Y estos ahí abajo.

Lo habían dicho. Estábamos lo más sobrios que íbamos a estar desde ese momento hasta la noche. Y lo había dicho el puto Aimar Bretos en *Hora 25* de la SER, no un bloguero flipado.

Abajo, uno de los vehículos especiales de los maderos empezó a disparar agua con un cañón, y la gente empezó a correr, pero volvían. Y de pronto se empezó a escuchar una algarabía a la derecha del bar del Julito. La gente ya no gritaba consignas ni enarbolaba pancartas. Sonreían y se abrazaban. En el otro flanco, los manifestantes gritaban ¡Policía, asesina!, ¡Policía, asesina!, ¡Policía, asesina! Y los maderos no asesinaban, pero daban unos porrazos de la hostia. La secta de los Cabezas Vendadas del Advenimiento de los Iluminados del Séptimo Día iba a crecer en acólitos.

—¡Qué puto flipe, tron!

—Desde luego —dijo el Roberto—, desde luego.

Volvimos a llenar los vasos y brindamos. Los que reían cada vez eran más. Las carreras se fueron sustituyendo por bailes improvisados, gritos de alegría. Estaba claro que se había corrido la voz. Los maderos estaban desconcertados. Los violentos manifestantes de hacía unos minutos ahora se echaban risas y se abrazaban. De hecho, uno fue a dar un porrazo a un nota que en ese momento se abrazó a una señora mayor que probablemente sería su madre. El madero dejó la porra en el aire, contemplando la escena. Luego la bajó. Los cañones de los antidisturbios dejaron de echar agua. Los maderos ya no se sentían amenazados por una masa que ahora reía, gritaba y descorchaban botellas, algo que los maderos no acababan de ver bien, pero que al ser para beber y brindar y no para tirarlas contra ellos, decidieron tolerarlo.

Fue el Botas el que por el megáfono daba la noticia que ya sabían casi todos. El nota contaba a voz en grito lo que todos habían deseado escuchar durante tanto tiempo. Los vecinos podían seguir viviendo en su edificio. El barrio no se llenaría de pisos turísticos, de alquileres caros. Todo seguiría igual.

No pasó ni media hora hasta que los líderes del sindicato de inquilinos y de la asociación contra los desahucios hicieran declaraciones oficiales, conjuntas y por separado. Ambos se atribuían el mérito de haber apartado a Feldix del edificio de Canillejas a través de la lucha en la calle y en los despachos, con sus abogados. Hasta el puto Botas, líder de la secta de los Cabezas Vendadas del Advenimiento de los Iluminados del Séptimo Día, salió por la tele y por la radio mintiendo, unos minutos después, para corroborar las declaraciones de los líderes de las dos asociaciones cuando todos nosotros y él más que nadie sabíamos que el Borjamari se había echado para atrás por obra y gracia de las acciones planeadas por el puto Banderines. Pero así era la vida y así era la prensa y los medios, una gran mentira. Yo lo sabía de buena tinta.

Saqué dos milnueves fresquitas del frigo. El Roberto y yo brindamos por el éxito de la operación encubierta. Si nos preguntaran, también daríamos la versión oficial participando en el gran bulo. No había ninguna necesidad de que la gente supiera la verdad, que supieran que existía un tipo como el Banderines que como estratega era la hostia y que además había sido capaz de organizar y coordinar a un equipo formado por un puñado de matados del barrio, concretamente el Botas y su Lola, quizás los más cuerdos y los más integrados en la sociedad, pese al pasado yonqui y delincuente de él; el Pirri y el Tijeras, exyonquis reconvertidos a alcohólicos, una especie de quijotes de barrio borrachuzos y pendencieros si les tocaban los huevos, claro; la Lola, una piba muy misteriosa que entraba y salía de la vida del Pirri como Pedro por su casa, amiga de su hermana la Conchi, las dos dedicadas a la prostitución; y el Roberto y yo, dos tipos que fracasaron en sus respectivos curros, abogacía y periodismo, alcohólicos, y yo además con pasado farlopero, pirulero y porrero. Todo un catálogo de zombis.

Bajamos a la calle flipando. El cabrón del Julito abrió el bar porque olió el dinero. Nunca había visto el bar tan lleno. Hasta la Carmen, la pitonisa, apareció como por arte de magia y tenía cola para atender a hombres y mujeres que aspiraban a un futuro mejor que su pasado. Pedimos unas birras y nos sentamos.

—¡Esto es la hostia, colegas! —dijo el Botas, levantando su birra. Le imitamos y brindamos.

—Si no lo veo no lo creo —original el Roberto.

—Su puta madre, troncos, ¿habéis visto la peña qué contenta? —el Pirri encendiendo un piti.

—Se ha hecho justicia —pensó el Tijeras en voz alta.

—Sí —contesté—. Me pregunto qué estarán pensando los vecinos de Tetuán y los de Lavapiés. Ellos han tenido que salir de sus casas porque Feldix compró sus edificios.

—No seas aguafiestas, tronco —dijo el Botas con razón—. Ahora toca celebrar que estos hijoputas se han echado atrás. Todos sabemos la diferencia entre esos dos edificios y el nuestro. Ellos no tenían al Bande. Nosotros sí.

—Brindo por eso —dije.

Tomamos varias birras, pero no acabábamos de estar a gusto allí por las voces y el escándalo que había. Así que decidimos pagar e irnos al parque, pero el Julito dijo que ni de coña, que invitaba él. Y eso que nos habíamos tomado varias rondas. Este tío no dejaba de sorprenderme.

—¿Ya os vais? —preguntó la Carmen, que atendía a un señor hipnotizado por sus tetas.

—Sí —dijo el Pirri—. Vamos al aeropuerto. Nos han puesto una limusina para llevarnos a Barajas. Volamos a Nueva York. Tenemos que hablar en la ONU sobre el impacto en los mercados del apareamiento de las tortugas en las playas de las islas Fiyi.

—Jajajajajajaja... Yo es que me meo contigo. ¿Y no me podéis llevar?

—Son muy estrictos. Imagina que te llevamos y una vez en Nueva York entras en trance y vaticinas que Trump se va a hacer comunista. Los mercados se desplomarían.

—Jajajajajaja..., jajajajaja... Anda, sed buenos.

En el parque de Canillejas, los panchis y sus familias eran ajenos a nuestras movidas. Celebraban... ¿que estaban vivos? Eso debía de ser, sí. Nosotros nos pillamos unas milnueves.

—Ahora soltaremos a la niña, ¿no? —preguntó el Roberto.

—Claro —respondió el Botas.

Él y el Pirri habían llamado a las Lolas desde el locutorio, al salir del Julito. Las llamadas habían sido breves.

—Las pibas no saben nada —explicó el Pirri—, aunque ya saben la noticia. Esperan que las llame el Bande y que dé las instrucciones.

—Ojalá esto se haya acabado ya —dijo el Tije.

—¿Es que puede que no se acabe? —preguntó el Roberto.

—No es eso, tronco. Es que estoy a acostumbrao a que cuando me meto en un jari haya heridos, muertos, ya sabes.

—Bueno —dijo el Pirri—, mira nuestras cabezas, y el Borjamari se ha llevado un tiro.

—Sí, pero me parece poco precio por conseguir una movida que yo creía que nos vendría grande, no sé si me explico. Tú deberías saberlo mejor que nadie.

—Yo vuelvo a decir lo mismo —el Botas reflexivo—. En las otras movidas en las que os habéis metido ibais a saco. En definitiva, no teníais al Bande. Esa es la diferencia.

Llevaba toda la puta razón. La clave de todo este asunto había sido el Banderines, que había hecho los planes en la sombra para que en los medios de comunicación se llevaran el mérito el sindicato de inquilinos y la asociación contra los desahucios. Y estaba bien que así fuera. Porque así, el Bande podría desaparecer de nuevo. Y nadie sabría nunca de su existencia, de lo que había hecho el cabronazo.

43

Borja María Aguado yace convaleciente en una cama de una habitación individual (todas lo son) de un hospital de lujo. Ha pasado toda la mañana solo. Parece como si su mujer y sus hijos pensaran que tiene un catarro leve. Han ido a verlo, claro, pero solo unos minutos. Es cierto que allí no hacen nada, que él puede pulsar un botón y automáticamente aparecen por allí dos enfermeras, un celador y a veces hasta una doctora, su doctora. Le ha dado tiempo a pensar y ha llegado a la conclusión de que su familia no lo ve como él pensaba, por no pensar algo peor. El gerente de la empresa, su amigo Ramiro, ha pasado más por el hospital que su familia. En esos momentos no tenía claro si debía hacer algo respecto a su familia o dejar que la vida pasara, como hasta ahora.

Ramiro Vadillo aparece por la puerta. Trae un regalo exclusivo, más bien un detalle, comprado en una tienda en la que el producto más barato es inasequible para la mayoría de ciudadanos. Envuelto en una especie de papel de celofán azulado hay una bandeja de cristal de Murano que contiene una botella de treinta y tres centilitros de champán francés y una caja metálica con cuatro bombones suizos. El gerente saluda y le entrega el presente a su jefe. Este, con gesto cansado, lo rechaza, por lo que Ramiro lo deposita encima de una mesa que se encuentra frente a la cama, debajo del televisor.

—¿Cómo estás?

—Pues jodido.

El gerente no sabe muy bien si se refiere a la herida o a su estado de ánimo, dada la cara de funeral de su jefe.

—¿Te duele?

—De vez en cuando, pero aprieto este botón y automáticamente se añade calmante al suero.

—Me alegro.

El gerente se asombra de que esté solo, de que no haya nadie más en la habitación.

—¿No han venido a verte esta mañana?

—Ni ayer por la tarde —contesta Borja María con poco ánimo—. Mi hija..., bueno, tú ya sabes. Mi mujer y yo no vivimos precisamente nuestros mejores momentos. Y Cayetano..., en fin, yo no sé... Creo que no vale para esto.

—El chico ha pasado un mal trago. Se recuperará.

—No es eso. Su comportamiento durante estos últimos días... Creí que estaría hecho de otra pasta. Además, me da miedo de que haga una tontería.

—¿Por qué lo dices?

—Su mujer no ha esperado ni un día desde que mi nieta ha vuelto. Lo ha echado de casa. ¿Te lo puedes creer? No contesta a mis mensajes ni a mis llamadas. Y si por un casual coge el teléfono es porque está borracho. Si he renunciado a comprar ese edificio ha sido por él, solo por él. Y así me lo paga. Me culpa. No me perdona que me negara a renunciar a ese edificio antes. Por eso te digo que no vale para esto. Es demasiado sentimental.

Borja María Aguado dice esto último como si tener sentimientos fuera un defecto, una tara que tienen algunos hombres. Y puede que para su negocio sea eso, una falla, un defecto.

—Y tú demasiado severo.

Borja María lo mira sorprendido. No está acostumbrado a que nadie lo juzgue.

—Ninguno de nosotros —continúa el gerente— está acostumbrado a situaciones como la que nos hemos visto obligados a enfrentarnos. A Cayetano tienes que darle tiempo. ¿Está en tu casa?

—De momento sí. Se ha encerrado en su habitación y no sale. Fuma y bebe como si no hubiera un mañana. Mi mujer tiene miedo de que siga el camino de su hermana. A estas alturas de la vida... Y todo por esos cabrones que no sabemos quiénes son. Es que no me lo puedo creer, joder.

—La Policía tiene sospechosos. No tardarán en atar cabos.

—Pues permíteme que lo dude. Cuando hablo con Pedro me da la impresión de que no saben nada. Lo conozco tanto como a ti. No es que me esté ocultando información. Es que no la tiene. Todo un director de la Guardia Civil.

—Confía en la ley. De momento no pueden detener a nadie. ¿Con qué cargos? No tienen pruebas. Saben que hay alguien detrás, alguien que tiene medios, un profesional.

—Pero quién coño es. Y por qué.

—Sospechan de esos tipos del bar. Pero les hemos seguido. Sabemos de qué van. O son unos actores geniales o realmente son lo que parecen, unos desgraciados.

—Siempre han ido por delante de nosotros. Y no me cuadra. Yo tengo todos los jodidos medios. Y me la han jugado. Sabían todos mis movimientos porque controlaban mi ordenador y mi teléfono. Y sin dejar rastro.

—La Policía los cogerá, ya verás.

—Lo que me gustaría —dice Borja María con un hilo de voz debido al calmante— es verlos sufrir...

—Tienes que tranquilizarte.

—Sí, de momento. Porque he renunciado, pero ese edificio, pasado un tiempo, será mío. Lo sabes, ¿no?

—Claro, te conozco demasiado bien. Ahora descansa.

El dueño de Feldix cierra los ojos. El gerente sale de la habitación. Abre su aplicación de mensajería y lee: «Ese cabrón ya está en el hospital y sabe que debe pagar las deudas». El mensaje es de Mario Yunta, el jefe de seguridad de la corporación. Es quien trata con Carlos Barrantes, el tipo que dispone de todos los cabezas rapadas que le hagan falta. Zósimo, el dueño del edificio de Canillejas, sufre politraumatismos y conmoción cerebral severa. Aunque no corre peligro, la paliza ha sido dura.

Unas horas más tarde es el Botas quien se encuentra con ellos. Le ha dado tiempo a sacar el estilete. Ha apuñalado a dos o tres. Pero eran demasiados.

44

Las Lolas, siguiendo las instrucciones del Bande, partieron desde la casa rural con la niña Caye en una furgoneta de la propia casa. Él mismo les mandó una ubicación de una calle tranquila de Alcorcón en la que no había cámaras en varios cientos de metros a la redonda. Las pibas dieron instrucciones a la niña.

—Hale, bonita, que te vas con tus papás —dijo la mujer del Botas a la mocosa.

—¿Dónde están mis papás? Aquí no están.

—Pero van a venir —le dijo la otra Lola a la niña.

Las Lolas, a esas alturas, ya se habían ganado de sobra su confianza, así que le hablaban con sus sonrisas más sinceras colgadas de sus caretos.

—Escucha, guapa, cuando pase un señor o una señora le dices que eres la niña secuestrada —dijo la novia del Pirri—. ¿Lo has entendido?

—La niña secuetada... ¿Qué es secuetada?

—Es una palabra mágica. En cuanto la digas, vendrán papá y mamá —contestó la Lola del Botas.

Cada una de ellas besó a la niña y le dijeron que si se portaba bien irían a verla un día. La dejaron en la acera y se marcharon hasta otra ubicación en donde había un nota al que entregaron la furgoneta. Volvieron al barrio en el metro. Veinticinco estaciones en la línea 5. Fin de la historia.

Alguien la encontró, llamó a la Policía y la niña Caye

volvió a su hogar intacta. Los medios de comunicación se hicieron eco de la noticia. Algunos se inventaron que los padres de la niña, pertenecientes a una familia de rancio abolengo, habían pagado un rescate y que la Policía estaba muy cerca de detener a los responsables y bla, bla, bla...

En el Julito, el Pirri hacía un crucigrama. Sobre la mesa tenía una novela y una cerveza. El Tijeras estaba acodado en la barra, mirando la televisión. Los sobrinos del Araña discutían y porfiaban sobre dos *youtubers* que también eran *tiktokers* porque la mitad eran favorables a uno y la otra mitad al otro. Juventud divino tesoro de los huevos. Descerebrados. Pedimos dos cañas y nos sentamos a una mesa. El Pirri nos dijo que fuéramos a la suya.

—¿Os habéis enterado?

—¿De qué?

—Al Zosi le han dado una curra. Saldrá de esta. Lo peor es lo del Botas.

—¿Qué coño le ha pasado al Botas?

—Lo mismo que al Zosi. Solo que él está en coma.

—No me jodas.

—Como te lo cuento. Su piba está en el hospital. No para de llorar.

—Joder.... —yo.

—La hostia... —el Roberto.

—El Botas se ha expuesto mucho. Deben de pensar que él ha montado la movida.

—¿Han dicho si saldrá de esta? —pregunté.

—No lo saben. Hay que esperar. Menuda putada, joder.

Con lo del Botas nos quedamos todos hechos polvo. Era de los que más había luchado en los dos frentes, en el legal, con las asociaciones y con los vecinos, y en el ilegal, con los planes del Banderines. Y estos malnacidos de Feldix casi lo matan.

—Bueno, troncos, por lo menos se ha arreglao todo.

—Trabajo nos ha costado. ¿Qué tal la cabeza?

—Bien, bien, de vez en cuando tengo pinchazos, pero cada vez menos.

—Dabuten.

Al rato, el Tijeras se agregó a la conversación.

—¿Habéis sabido algo del Banderines? —preguntó.

—Nada —respondió el Pirri—. Ha desaparecido.

—Siempre le agradeceré que haya salvado el bar. Este cabrón es un puto héroe —dijo el Julito. Vino con una bandeja para traernos vasos de chupito. Nos dejó una botella de DYC—. Lo que queráis. Esto va de mi cuenta.

Llenamos los vasos y brindamos, por el Bande. Después por las Lolas, que habían llevado lo del secuestro de la mocosa como si fueran profesionales. También por el Botas, claro, por su recuperación, si es que se recuperaba. Y brindamos por nosotros, por lo mismo, por haber ejecutado cada uno de los planes del puto Banderines.

—¿Habéis visto las noticias? —dijo el Tije—. Es un flipe, colegas. Todos se ponen medallitas. Los de los antidesahucios, los del sindicato, los abogados, los medios de comunicación. Me parto el nabo.

—Eso nos viene bien —contestó el Pirri—. Que crean que ha sido por ellos. Eso nos aleja a nosotros del jodido meollo. Además, así, las asociaciones pillan prestigio, y eso puede ayudar a otros vecinos afectados en el futuro. Puede que estos u otro fondo buitre en el futuro se lo piense mejor antes de extorsionar a la gente.

—Lo dudo mucho —dijo el Tije, encendiendo un truja—. Esos cabrones no se cortan. Seguirán poniendo el ojo en edificios y en barrios solo para forrarse, aunque tengan que echar a la gente a palos. ¿No os habéis fijao en todos los locales del barrio? Ahora son casas.

—Sí —asentí dando una calada—. Hubo un tiempo que en el barrio había carnicerías, pescaderías, ferreterías, droguerías… ¿Y ahora qué hay? Nada. Se han cargao el comercio de proximidad y han hecho viviendas por las que cobran un ojo de la cara. ¿Sabéis lo que ponía en todos esos locales en pegatinas pequeñas?

—Feldix —dijo el Roberto.

—Sí, Feldix. —Apagué el cigarro en el cenicero metálico de Cinzano.

El Tijeras dijo que tenía cosas que hacer y se marchó. Después lo hizo el Pirri, que iba a buscar a su Lola. El Roberto y yo nos fuimos al parque y estuvimos contemplando la luna y a las familias panchis, para los que todos los días parecían una fiesta.

45

Buah, bro, menudo pelotazo. Fue un flipe ver cómo en la mani se pasaba del puto cansancio a la euforia en cuanto dijeron en las noticias que Feldix se echaba para atrás, pfiuuuu..., qué subidón. Los vecinos pasaron de los gritos y la mala hostia a bailar y a celebrar que no les iban a quitar las casas. Yo andaba por allí, pero ya sabes, bro, a mí me cuesta mogollón expresarme, no sé. En cuanto pude me quité de en medio por si alguien me decía algo y me entraba la paranoia.

Los vecinos ya se van recuperando de los golpes de los nazis y los maderos, y eso mola, bro. Lo que no me gusta es que le han dado una paliza al Botas y lo han dejado en coma. ¡Qué hijos de puta! Te lo juro, bro, que si no hubiera sido por él nos quitan las casas. El Zosi también ha pillao, ¿sabes?, pero vamos, que a mí ese capullo subnormal me la suda. Por mí como si se muere esa rata.

Pero te voy a decir una cosa, bro, yo no soy tonto. Ya te dije que me hice unas bases de datos. Casi tengo todos los bloques de pisos de Feldix. ¿Tú sabes en cuántos se ha echado Feldix atrás en la compra porque se han metido por medio las asociaciones? Pues en ninguno, bro. Vamos, que aquí hay algo que no encaja, ¿sabes cómo te digo? Mira por ejemplo los bloques de Tetuán y Lavapiés, bro. Ya son de Feldix. En fin, mira que voy a pasar de comerme el tarro y a seguir disfrutando de la keli. Voy a seguir viendo *Shameless*. Puto Frank Gallagher, jajajaja...

46

A la mañana siguiente, el Roberto y yo nos fuimos a andar por la avenida de los diabéticos con nuestro firme propósito de siempre: no entretenernos demasiado por los bares y, sobre todo, cruzar la línea de Amposta. Lo hicimos. Pero antes paramos para que el Roberto saludara a sus colegas sintecho, que a esas horas estaban desparramados por los bancos y el césped.

—Mañana me voy —dijo el Roberto.

—Ya me imaginaba yo que no tardarías.

Al levantarnos, con el copazo, me había dicho que si podía decir a la Pili que lavara todas las sábanas.

—Echo de menos la calle, ¿sabes?

—Lo sé. No lo entiendo, pero lo sé. El Julito tiene un carrito pequeño. Se lo podemos pedir y nos llevamos el colchón ahí. Es más cómodo. Y así no tenemos que molestar a nadie. Entre los dos hacemos el traslado.

—Me parece bien. Nos vamos temprano.

A la altura del parque Ajofrín había un tipo corpulento en medio del camino. Parecía como si estuviera esperando el metro o el autobús, pero por allí no pasaba el transporte público. Vestía un pantalón blanco ancho, una blusa negra también ancha, un sombrero negro, como del Oeste, y unas gafas de sol. Al llegar a su altura nos saludó.

—Coño, tronco, parece que vas a una fiesta de disfraces —dije. Era Paco, el escritor del barrio. Chupaba de un bote de 1906 y la otra mano la tenía en el bolsillo. La verdad es que el pavo siempre había sido un poco estrafalario. Sonreía.

—Qué, ¿a dar el paseíto?

—Pues sí, tronco. Hoy hemos salvado Amposta, que normalmente torcemos por ahí y nos recorremos todos los bares.

—Enhorabuena. Oye, hay una piba que quiere veros.

—¿Una piba?

—Sí. Está allí.

Señaló en una dirección en la que había un perro que corría detrás de una pelota de tenis que su dueño le tiraba repetidas veces. El chucho iba a por ella y la dejaba a los pies de su dueño llena de babas.

—Yo no veo a nadie, colega. ¿Seguro que quiere vernos una piba? —Llegué a pensar que el nota estaba pedo, tampoco sería tan raro.

—Sí. ¿Veis aquel matorral?

El Roberto y yo achinamos los ojos.

—¿El que está al lado del pino tocho? —pregunté.

—Ese mismo. Detrás hay un banco. Y ahí está la piba sentada.

Lo miré a los ojos. No parecía que estuviera moco.

—Venga, que la piba no tiene toda la mañana. Nos vemos por el barrio.

Y se fue. Se fue andando, tranquilamente, como si nada ni nadie pudiera perturbarlo, con su sombrero y sus gafas oscuras. Miré al Roberto. Subió y bajó los hombros poniendo las palmas de las manos en horizontal, como si sostuviera algo invisible.

—¿Vamos?

—No sé, tío. Es muy raro, ¿no?

Y tan raro. ¿Cómo iba a querer vernos una piba? ¿A dos adefesios como nosotros? Por otro lado, el Paco era un buen tío, un poco colgao, vale, pero ¿quién no lo estaba? Y si quería vernos, ¿por qué había mandado al escritor de intermediario? Demasiadas preguntas.

—Venga, no vamos a quedarnos con la duda —dije después de barajar la opción de pasar del puto tema e irnos.

Echamos a andar, despacio, y en unos segundos llegamos a la altura del matorral. Nos asomamos y allí estaba, de espaldas, un pibón rubio. Llevaba una blusa verde, minifalda a juego, medias de rejilla y unos botines de tacón cubano. Rodeamos el banco.

—¿Quería vernos?

Sonrió. Y entonces reconocí aquella jodida cara de Bowie.

—¿Bande?

—Nora. Si no te importa.

El puto Banderines.

—Sentaos.

Nos sentamos a su lado. Yo en medio de ella y el Roberto. Me costaba referirme al Bande en femenino, pero... Él mismo había dicho lo de Nora. En fin...

—Me gustó mucho el libro que escribiste sobre el Chule, tronco. No solo porque lo conocía. Me gustó mucho la parte de la crítica al sistema penitenciario. Una jodida pena de vida. Era listo como un zorro, pero desperdició su inteligencia. Una pena lo de la Marga y lo del Nico, joder, una puta tragedia.

—Sí, un drama de la hostia. Ni idea de que habías leído el libro. Me alegro de que te gustara.

—Aunque esté muy lejos, siempre sé lo que pasa en el barrio. He nacido aquí. Por mucho que te alejes, el barrio va contigo.

—¿Por eso has hecho todo esto?

—Por eso y por algo más. Ese Borjamari es un hijoputa. Se merece esto y más. Se lo habría dado de no haber sido porque al final claudicó el cabronazo.

—El tiro en la pierna le hizo reflexionar.

—Qué va.

—¿Ah, no?

—Ese tipo de cabronazos necesitan algo más que eso para dar su brazo a torcer.

—¿Entonces?

—Fue su hijo. El Pestañas tenía controlado su correo y su teléfono. Fue su hijo Cayetano, el padre de la mocosa. Le dijo que como no cediera no lo vería más. Ni a él ni a su nieta. Un puto ultimátum ante el que el viejo decidió ceder.

—La hostia.

—Sí, la hostia en verso, tronco. Pero bueno, el motivo ya no importa. El caso es que ese edificio seguirá ahí y los vecinos en sus kelis de toda la vida. Que se joda.

—¿Y ese algo más?

—¿A qué te refieres?

—Antes has dicho que lo hiciste «por eso y por algo más».

Nora encendió un cigarrillo. Nos ofreció. El Roberto y yo encendimos los nuestros. Ella suspiró, dio una calada y echó el humo lentamente.

—Yo tenía a mi vieja en una residencia, de las caras, para que la cuidaran bien. Sobrevivió a la pandemia. Después enfermó y se hizo dependiente. No se podía mover. Un día me llamaron. La llevaron al hospital. Tenía úlceras de no moverla de la cama, muy infectadas. La infección se le metió dentro del cuerpo y la palmó. Si la hubieran cuidado adecuadamente, mi madre seguiría viva.

No entendí muy bien por qué me contaba esa historia. Hasta que la remató.

—El Borjamari es el dueño de esa residencia. Y aún no he acabado con él. Lo del Zosi y lo del Botas ha sido una putada rastrera. Lo del Zosi me da igual —continuó—. Ese chaval siempre ha sido falto —se tocó la sien con el dedo—, y mala gente. Pero el Botas es un buen tío. Bueno, tengo que marcharme.

—Ha sido un placer conocerlo, Band…, conocerla —dijo el Roberto.

Nora sonrió.

—Igualmente, Roberto.

—Nos vemos —dije. Iba a decir «tronco», pero me contuve.

—No creo. Pero nunca se sabe. Dad recuerdos a esta peña, ¿eh?

Se levantó del banco con una elegancia felina y se perdió entre los matorrales.

—Qué personaje, tío —dijo el Roberto.

—No lo sabes tú bien.

—Me sentiría más seguro siendo un disidente de un país en guerra que siendo el Borjamari ese.

—Yo también, porque se lo termina cargando por lo de su vieja. Al tiempo.

Por la tarde, en lo del Julito, nos tomamos unos chupitos con el Pirri y el Tije.

—El Bande os envía saludos —les dije.

Fliparon, y entonces les conté nuestro encuentro con Nora en el parque. De alguna manera, consideré que no debería contarles lo de la muerte de la vieja del Bande en la residencia del Borjamari, para que siguieran creyendo que el Bande les ayudó solo por el hecho romántico de ayudar a sus colegas. No sé, lo mismo ya lo sabían.

—¿Y la Lola? —pregunté al Pirri después de unos segundos de esos en los que nadie habla.

—Se ha ido.

El silencio volvió a rodearnos. Bebimos hasta que el Julito chapó el antro. Acabamos los cuatro en el parque. Con nuestras milnueves. Con nuestras miserias. Con nuestras ausencias de sueños.

47

Al día siguiente acompañé al Roberto. Se marchó. Volví a lo del Julito. El Pirri leía una novela. Acerté a ver el título. Se titulaba *Al final siempre ganan los monstruos*, de un tal Juarma. ¿Juarma? ¿Qué coño de nombre era ese para un escritor? Esos pavos solían tener nombres como Garcilaso de la Vega, Juan Manuel de Prada o Gabriel García Márquez, ¿no? Claro que yo tampoco podía ponerme muy fino porque en mi libro del Chule no había puesto mi nombre completo, sino Zip, con dos cojones. Levantó el mentón para saludarme. Pedí un vermú, uno fuerte que le traían al Julito de no sé qué pueblo de La Mancha, aunque bien podían traérselo de un palo a un camión, vete a saber. Estaba bueno, porque no tenía mogollón de azúcar como esos embotellados y amargaba, el toque justo. Volcó el vermú en un vaso de caña y me puso unos cacahuetes. Generoso el tipo. El Tijeras miraba la tele. Levantó la mano al verme.

Después de tratar varios temas, volvieron con lo del sindicato de inquilinos y la asociación antidesahucios, con su éxito al haber evitado la compra del edificio de Canillejas. Los líderes, cluecos como pavos reales, daban explicaciones grandilocuentes sobre cómo la lucha vecinal evitaba que los poderosos hicieran lo que querían. Qué ingenuos. No ellos, sino los que los escuchaban y se creían todo lo que decían.

En el tugurio trasnochado del Julito el tiempo continuaba, como si nada hubiera ocurrido. Volvían a estar presentes los sobrinos del Araña con sus bebidas energéticas; el Pirri con sus novelas; el Tije viendo la caja tonta; la Carmen con sus mentiras piadosas; el Julito con ese careto que asustaría a un gánster; la ausencia del Botas y su Lola que, ahora que no les iban a quitar la casa, vivían en el hospital; la ausencia de la otra Lola; la del Pirri que, como el curso del río Guadiana, aparecía y desaparecía; los borrachos solitarios, que a veces eran los mismos y a veces no. Y luego estaba yo, Zip, abogado de causas pobres, el amigo de los yonquis y parias de la Tierra, experto en meterse en jaris y movidas raras, borracho irredento y empresario por necesidad.

Verdaderamente, nuestras vidas eran jodidamente tediosas. Bebíamos y tomábamos pastillas para mogollón de patologías. Nos juntábamos cuando era necesario o cuando la soledad era difícil de soportar. Ahora íbamos cada uno por nuestro lado por una razón. Creía no equivocarme, porque empezaba a estar pedo, y cuando estoy moco pienso gilipolleces. Pero es que sobrio no me aguanto. Ahora íbamos a nuestra bola porque nos sentíamos fuertes. Y esa fortaleza nos la había dado el puto Banderines con la movida que había inventado para que los cabronazos del fondo buitre no se llevaran por delante la dignidad de los vecinos de un edificio de un barrio de las afueras, un barrio de los que antiguamente se llamó de aluvión porque acogió a cantidades descontroladas de gente que vino de muchas partes de España, pobres como ratas, que se deslomaron a trabajar duro. Un barrio que ahora albergaba a inmigrantes sudamericanos y rumanos que votaban a la ultraderecha.

Suprimí esos pensamientos porque no era cuestión de desalentarme más de la cuenta. Pagué, lo mío y las consumiciones del Tije y el Pirri, y me despedí. Decidí que me comería un menú bien regado con Luis Cañas. A tomar por culo, la vida era jodidamente corta y había que aprovechar.

Me entró un guasap en los postres. En la pantalla ponía «Aquel Culo», la piba del segundo C del edificio del antro del Julito, el que ya no se quedaría Feldix. Era el sobrenombre de una piba de unos treinta o así que se dedicaba a la prostitución selectiva. Bueno, la verdad es que dicho así... No hacía la calle. No se drogaba. Tenía clientes fijos, sobre todo tipos solitarios que estaban viudos, separados o solteros. También se hacía a taxistas, pero siempre conocidos. Los clientes nuevos siempre eran presentados por clientes antiguos. De esa forma se quitaba de en medio a los degenerados y a los chalados. Concerté la cita para la tarde, después de la siesta, lo que me permitiría recuperarme del moco y tomarme una pastillita azul. Sí, así estaba, ese era yo. Y no iba a ir a mejor.

Subí al hostal. Me eché una copa de Johnnie Negro y me encendí un cigarrillo. Miré por el balcón. La hora de la comida era casi un remanso de tranquilidad. Paraba el reparto, paraban las obras, esas que siempre hacían los mismos para sustituir tubos, cables y tuberías que habían puesto nuevas el año pasado, y paraban, o lo parecía, hasta los malos pensamientos. Pensé en las promesas de Aquel Culo y sonreí. Pensé en la Cari, en la Marga, en el Chule y en el Nico. Dejé de sonreír. Volví a pensar en el Banderines. O en Nora. Pensé en el Roberto, con sus peluches en el parque de San Blas.

Vacié la copa, me levanté de la silla, tropecé y me di un guarrazo contra el suelo. No fue nada, solo el golpe. Lo peor era ver lo torpe que me estaba volviendo. Lo mejor era... No se me ocurrió nada. Volví a pensar en Aquel

Culo. Me tomé la pastillita azul con un trago de Johnnie de la propia botella.

Me tumbé en la cama. Soñé que me moría. Sin embargo, me desperté empalmado.

Canillejas, 4 de agosto de 2025

INFORMACIÓN PARA CLUBS DE LECTURA

Querido lector, nos tomamos la libertad de tutearte porque tienes entre tus manos uno de nuestros libros y, por tanto, ahora tú también eres ya miembro de Alrevés.

Y, como tal, queremos comentarte que, pensando en el placer que supone la lectura compartida, hemos añadido una pestaña en nuestra web (https://alreveseditorial.com/) donde encontrarás la ficha de lectura de este libro, por si sintieras el irrefrenable deseo de intercambiar tus impresiones sobre él en un club de lectura. Allí encontrarás también nuestros contactos para facilitar la participación de nuestros autores en las charlas, recibir información, organizar actividades, etcétera.

Te estaremos muy agradecidos si difundes esta iniciativa porque, como dijo un gran sabio a quien conocimos bien, leer nos salva del olvido.

> «Sobre este escritorio y sobre la mesilla de noche había siempre novelas baratas de misterio (...) Yo las devoraba por las noches, cuando los rostros de los muertos se me aparecían para ahuyentar el sueño y las preguntas se encadenaban unas con otras para tramar una red en la que me quedaba atrapado. Entonces, aquellas noveluchas me ayudaban a no pensar. Si algo echo de menos es precisamente eso: poder comprar cien páginas de olvido por solo un duro».
>
> ALEXIS RAVELO,
> *Los días de mercurio*

Anterior título de
Paco Gómez Escribano